花鸟鱼虫标本制作小百科

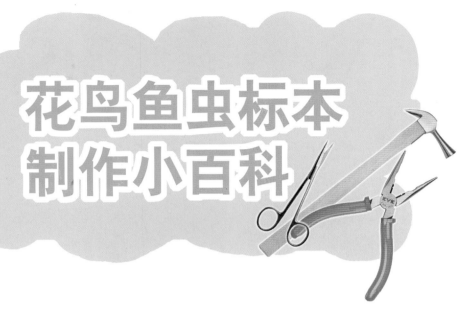

王荣林　吉文林　著

U0239011

中国农业出版社

图书在版编目（CIP）数据

花鸟鱼虫标本制作小百科/王荣林，吉文林著.—北京：中国农业出版社，2016.10
ISBN 978-7-109-12395-3

Ⅰ.花… Ⅱ.①王…②吉… Ⅲ.标本制作–普及读物
Ⅳ.Q-34

中国版本图书馆CIP数据核字（2007）第189783号

全书内容包括：花标本的制作、鸟类标本的制作、 其他动物标本的制作、鱼类标本的制作和虫类标本的制作等。书内配有彩图约700余幅。

本书全面系统地介绍了《花鸟鱼虫标本制作小百科》的基本知识，图文并茂，文字通俗易懂，内容实用，取材方便可行，操作性强。不仅能供大中专院校、职业高中、技校、中小学的广大师生学习与应用，也可供大、中、小城市的青少年、待业青年及标本制作爱好者参考使用。

中国农业出版社出版

（北京市朝阳区麦子店街18号楼）

（邮政编码 100125）

责任编辑　刘　玮　颜景辰

三河市君旺印务有限公司印刷　新华书店北京发行所发行
2016年10月第1版　2016年10月河北第1次印刷

开本：787mm×1092mm 1/16　印张：12.75
字数：295千字
定价：96.00元

（凡本版图书出现印刷、装订错误，请向出版社发行部调换）

随着科技不断发展，生物标本制作很受人们的重视。

周浩良

2005 年 10 月

南京农业大学动物医学院教授周浩良先生题词之一

花鸟鱼虫，生活伴侣。

周浩良

2005年10月

南京农业大学动物医学院教授周浩良先生题词之二

（二）鸟犬

（四）虫

主　编　王荣林　吉文林

副主编　葛兆宏

编　者

第一章

卢　炜

王　康

孟　婷

丁丽军

第二至四章

王荣林

王兔林

蒋春宏

蒋春茂

李乃竹

第五章

胡新岗

韩青平

程　汉

张步彩

审　稿　周新民　周浩良　陆桂平　贺生中

电脑及画面设计　王　康

前 言

　　为了适应人们对花鸟鱼虫养护技术的喜爱与需求，丰富业余生活，以及对动植物标本教学与应用的迫切需要，充分体现直观教学效果，提高教学质量，增强标本制作者动手能力，故编写了此书。

　　本书在花鸟鱼虫标本制作上，总结了前人制作的经验，图文结合。全书本着取材方便、制作简易和适用易行的原则，以花鸟鱼虫标本制作为主线进行叙述。该书具有直观性、实用性、易行性和示范性等特点，书中详细讲述了花鸟鱼虫实体标本的制作方法。这些花鸟鱼虫实体标本，既能节省教学实习费用；也能存放于标本陈列室作装饰品、珍藏品，为观赏、展览服务；又能作为课外教学技能的内容，培养读者的动手与讲演能力；还可以为动植物标本制作者和专业教学的广大师生提供参考。

　　在编写过程中，参阅并引用了有关文献，恕不一一说明，谨向原作者致以谢忱。由于时间仓促，加之编写经验不足，水平有限，书中谬误之处在所难免，敬请读者给予批评指正。

　　本书编写过程中受到了南京农业大学动物医学院解剖标本专家、家畜解剖学知名教授周浩良老先生为之审阅并题词。同时，还得到了江苏农牧科技职业学院书记吉文林教授，副书记周新民教授及副院长葛兆宏教授，中国畜牧兽医学会养犬学分会常务理事陆桂平教授，江苏省兴化市林牧业局副局长蒋春宏，江苏省武警总部医院主任医师王兔林教授，江苏农牧科技职业学院贺生中教授、蒋春茂教授、尤明珍教授，上海市电子研究技术部高级工程师王康等领导的热情支持和悉心指教。在此一并谨表谢意！

编　者

目 录

第一章　花标本的制作

第一节　切花标本制作

一、插　花

（一）花材的选择

选作插花的材料，不论木本、草本，或是花枝、果枝、叶枝，总得新鲜有致，色香姿韵，各有所长。春季可选用色彩绚丽为好；夏季则可选择淡雅清芳的为好；秋季可选用浓香五彩为好；到了冬季，则要色香温暖为宜。

（二）花材的剪取和整理

在剪取花材时，应以不影响原有植株的生长发育和形态美观为原则，剪取花朵尚未完全盛开的花枝，枝条上应带有一部分叶片与含苞欲放的花蕾；如果选用果枝，则应在果实充分着色即成熟后再剪。

花材剪回后，剪去死的、变色的叶子或凋谢的花朵，以及其他多余的部分，根据所插容器的大小、形状以及插花的形式，决定每根花枝的长短，并清理叶面的污物，然后摊在干净的塑料布上，洒上清水保湿，或将花材的基部浸在清水中。

（三）插花的器具

插花所需的器具并不多，最基本的有浅水盆（盘）、插座、花瓶等；另外，还要准备一些细线或细铁丝，以及剪刀、小篮等工具。

1.浅水盆（盘）　一般为浅口的、不渗水的磁盆或上釉的陶盆。其形状、大小、颜色虽无特别的规定，但色泽以白色的或深色的比较适用，因为这些颜色容易与花色调和，看起来比较文雅，如果过于鲜艳，反而使人觉得刺目；另外，浅水盆的边高不要超过 6 ~ 7 厘米，初学者应选用大小适中的为宜。

2.插座　固定花枝用。圆形，下部是平底的重金属块，上面具多数金属针，适合插厚软的花枝；较硬的花

插花欣赏

枝或灌木枝条,应将基部交叉剪开,既便于任意调整花枝的角度,又能避免将针尖弄弯。插花枝的插座放置在浅水盆的适当位置,以形成堆叠式丛生的花朵。

3.花瓶 制作瓶花用。在插瓶花时不必使用插座,因此也更自然;但一般应在瓶口设置"井"字架,用来固定花枝。花瓶的大小,宜矮小为佳。家庭插花通常选用圆形或长柱形的高花瓶,色泽为绿、黄、白或灰色的就很适用,甚至因陋就简,就地取材,取家用略为精致一点的菜盆、盂钵、广口瓶之类,插些山花野果,也颇得自然乐趣。

4.细线或细铁丝 用来接长花枝, 通常将一截小枝接在花枝上,用细线或细铁丝绑扎。

5.剪刀 用来修整枝、叶或花,较硬较粗的枝条可使用整枝剪。

6.小篮 装放插座、剪刀、细线或细铁丝、小的棍棒以及其他零星物品,便于取用,以备不时之需。

花 标 本 欣 赏

萱草花标本　　　　　　　　　　多花兰标本

帝王花标本　　　　　　　　　　百合嘉兰标本

蝉兰花标本　　　　　　　　　　　　勋章菊花标本

二、日式插花技术

　　日本花道在花材插放时，特别注意造型的生动，也就是线条美。在日本各地，花道有着不同的流派、风格，但它们基本上都是三个主枝所组成，因此确定三主枝的位置就特别重要。我们分别称之为第一、二、三主枝。增添在主枝间的其他材料，统称为辅枝，它们的位置比较随意，对主枝起烘托、映衬的作用。

　　主枝所用的材料也需确当注意，在同一插花作品中，最好不要选用三种以上的材料，以避免插花作品显得过分混杂、矫揉，而失去自然美。三主枝的长度，它们互成比例并与花器的径及高相适应。这样当一件作品完成后，三主枝在适宜的位置高低错落，相互辉映，令人觉得均衡而有韵律感。需要注意的是，插花时不仅仅是遵循规则，更重要的是使之看起来具有美感。

莺歌凤梨标本　　　　　　　　　　　　天门冬草、果标本

辅枝的长度，没有简明的规则可循，因为花、枝条、灌木或其他材料的形态和叶片数目的变化较大，这些因素影响了辅枝长度的确定。辅枝的位置自行决定，目的是使整个插花作品看起来很雅致。

将整理好的花材剪成适宜的长度，在插放时能举一反三，得心应手，挥洒自如，不拘泥于现成的格式，设计出寓意深刻、色彩绚丽、造型生动的插花作品来。

花 标 本 欣 赏

亚麻花标本　　　　　　　　　　　　　夜茉莉花标本

（一）盆插

1.直立型　选择最好的花枝，在剔除较差的花苞后，按规则修剪成第一主枝，近于垂直地插于插座，然后再插第二、三主枝。第二主枝斜向左边，与假设的垂直线成 45°夹角，第三主枝斜向右前方，与垂直线成 60°夹角，使花低于第二主枝。三主枝的位置形成整个作品的骨架。辅枝的插放对主枝起加强的作用，不能喧宾夺主。最后用小的叶子、花或碎石将插座覆盖，其目的是使整个作品更接近自然。

2.前倾型　选用弧度适合的花枝作第一主枝，使它向左前方倾斜或弯曲。第二主枝斜向右侧。第三主枝以较低的位置斜向右前方。将小花枝扎在一起当辅枝，插于第一和第三主枝之间，然后以叶片或其他东西覆盖插座。前倾型的关键是第一主枝的斜度或弯度，在选择花材时要给予足够的重视。

3.侧倾型　第一主枝须有显著的倾斜或弯曲，使它的长度足以超出浅水盆之外并稍微向右前方倾斜。第二主枝稍微向左边。第三主枝向左前方倾斜。辅枝插在适当位置。要使所插的全部材料，好像是从同一的根或茎中抽生出来的，这样才显得自然。

4.映水型　该花型是从侧型演变而来，目的在于描绘一幅湖滨或溪畔的景致。因此在处理时，要使它的弯曲度足以让第一主枝倒映在浅水盆的水面上。第二、第三主枝靠拢，以碎石或鹅卵石覆盖插座。

5.景致型　该花型的主要目的在于描绘溪畔或池边、林地景色，它可以按插花者的想像力与技巧，生动地表现出线条的优美。花材可采用多种树枝及灌木，长了瘤节、生了青苔，或掉了叶片的枝条，都可有效地组合在景致型是以忠实地反映自然面貌。该型可使用两个插座。选用姿态雅致、长而粗壮的枝条作第一主枝，插在一号插座上，形成主体；第二主枝可短些，插在二号插座上，它起映衬的作用。第三主枝可省略。

（二）瓶插

瓶花标本

作为瓶花材料的主枝和辅枝，它们的长度都是从瓶口以上计算的，因此它们的总长度应是瓶口以上的长度加瓶中的长度，在花材不够长时，瓶中部分可用小木棍接长的办法来解决。

1.直立型　先将第一主枝直立插于瓶的左侧；然后将第二主枝插在花瓶的左前方；第三主枝插在右前区并斜前方。第三主枝位于第一主枝的下方，它在瓶中的位置倒并不十分重要，要紧的是它在瓶外的位置是否正确。插好三主枝后，将辅枝插在适当位置，作为主枝的陪衬和补充。将它们用适宜的方法加以固定并用叶片或小花覆盖瓶口。在插瓶花时要注意以下三点：一是主枝的位置必须正确，让人看起来比较自然、舒服；二是主枝和辅枝必须稳固地插在花瓶中；三是它们都必须浸在瓶内的水中，以保持其鲜活度。

2.前倾型　该型的第一主枝稍微向左方，第二主枝斜向左侧，第三主枝斜向左前方；余下的辅枝插于适当位置，最后用带叶的枝条遮盖瓶口，并用绿叶来衬托花朵，达到增进美观的作用。

3.侧倾型　本型以弯曲的花枝作第一主枝，如花枝较平直，则采取斜插的办法，该枝斜向右方；第二主枝插在第一主枝的左侧并斜向前方；第三主枝在最前面并斜向右前方。所有的主枝看起来都像是从花瓶的某一区域长出来的，即瓶口要留出一定空间，造成虚实对比。

4.下垂型　整个构图犹如瀑布倾泻，该花型放在高处，效果更佳。第一主枝应剪去有碍倾泻状的小枝，插入瓶中作主体，但要注意稳定性。第二、第三主枝可略短些。第二主枝插在直立的位置并稍微斜向右方，第三主枝插在左前方。本型不需辅枝，仅用主枝就可完成设计。

三、瓶　花

瓶花能增添室内的香气，打破室内寂寥，造成生机勃勃的欢乐气氛。多用于室内案、或宴会餐厅、会议台席的装饰。如果养护得当，观赏时间不亚于盆花，尤其在色彩的调配，花型的组合与造型方面，可随个人意愿选材和发挥艺术创作才能，为盆花所不及。一枝瓶养，满室生香，借他处的芳华增添室内的春色。但如养护不当，则香不耐久，色不鲜艳；若造型艺术不精，势必杂乱无章，不要说姿态的好坏，连花也开不好了，这就使美丽的花朵不颜而谢。因此，切花瓶插应充分注意方法和艺术。花不在于多少，而在于布置匀称，养护适宜。有时少到两三朵花、两三片叶，也能插得主次分明，玲

瓶花标本

珑有致；多到两三束花也插得条理井然。瓶花风格大体可分为自然式和图案式两类：自然式是模仿植物在自然界的形态，一般剪取一种花；图案式是按"美"学原则，加以人工配置，务使色彩调和，温寒理顺，明暗得宜。花型力求基本相称，互相衬托。角度相适平衡，背景融合，远近花枝长短比例得当，环境协调等，使人见之能触景生情，既醉春花，又吟秋草，以慰身心之疲劳或舒感情于所致。

花 标 本 欣 赏

车瓣花标本

烟草花标本

（一）材料和容器的选择

1. **材料**　各地区的资源条件不同，且各种花卉植物的花期各异。艺花者可各自创新，大胆发挥技艺，久为则运用自如。

2. **容器**　插花的容器应以式样大方，色泽朴素为宜。常用的有花瓶和水盆两类。花瓶应在瓶口设置"井"字架，以利花枝的固定。水盆应设置插花座，插花座用锡和细钢丝做成，将花枝插在插花座上沉入盆底，高大的花枝宜用花瓶插，矮小的花枝可以水盆插之，业余爱好者一时难得珍材贵器，也可因陋就简，就地取材，取家用菜盆、广口瓶、盂钵等，且采野树山花，尽可作景自娱，富于自然之美。

（二）花枝的剪取

以花朵尚未完全盛开的花枝为佳，枝条上应带有一部分叶片与含苞欲放的花蕾，枝条的长短依花瓶的高矮而定，一般要比花瓶长 1.5 倍以上，太长则重心不稳、瓶易倒伏，太矮则花搁瓶口，影响造型。大瓶不宜插小花，小瓶不宜插大花。剪取时间，以清晨露水未干时带露剪取；剪取后应立即插入盛有清水的桶中，再细心剪裁，插入容器。如能备一旧塑料食品袋，带点废纸药棉之类，将花枝用小绳缚成一束，把废纸或药棉以清水浸湿，包扎在花枝的折断处，然后将花束装入仪器袋，袋口用小绳缚牢封密，并将盛鲜花之袋放入藤篮或旅行包内，勿使阳光曝晒。

插花欣赏

（三）插花的方法

1.花枝的选择 花枝剪回后，在插瓶前，须将其基部多余的枝叶剪除，并剪掉枯枝黄叶，清理叶面污物，然后摊在干净的塑料薄膜上，仔细端详。花枝有草本、木本之分，而木本又有常绿、落叶之分，宜因材定型，因型施用。故将剪回的花枝，以求各依其态、各就其势，发挥形、色、韵集成之美。

2.插花 花枝选择、整理好后,应着手插入瓶中,插时疏密斜正,俯仰高下均须仔细斟酌,切忌排列整齐，更不能将所有花枝束缚一起，一次插入；花枝以单数较易安排，首先应将中意的花枝作为主体，再把其他花卉作为第一陪衬和第二陪衬来补救主体的单调与不足，使整个构图取得平衡；图案式多用此法插。或把各种花卉插成一个或几个不等边的三角形，但必须注意使花和瓶密切配合，融成一体，合乎画意，构成一幅立体的图画。或用弧线的方法来插花，花卉要根据线条的伸展，一片小叶都不能乱放；决不能相互交叉，以免破坏其完整性。不论用任何方法插花，都不能失掉整个构图的重心。

花 标 本 欣 赏

插花欣赏

夜丁香标本

朝天五色椒标本

天竺牡丹标本

六月菊标本

冠状菊花标本

萝卜海棠花标本

铁线莲花标本

虎皮菊花标本

一品冠仙客来花标本

朝颜花标本

马蹄莲花标本

（四）养花

当你得到一束中意的鲜花，并已插成了满意的姿态，像画家完成了一幅美丽的作品，令人精神焕发，足可好好欣赏一番。但如养护不当，短期内就花凋叶落，其景凄凉，固养护之法不可忽视。

1.瓶花用水　瓶花用水以雨水为佳，河水、塘水也可，但浑浊者须待澄清后方可使用，水温宜与气温相同。自来水中有氯气，须在缸内贮藏数日，待氯气挥发后使用，为使瓶水不腐，可在水中加入少量食盐，为增花枝养料，可向水中投放少量食糖，两者浓度均以 0.1% 为度，不可过量，以防瓶水过浓，反使花枝生理干旱而死。

2.换水　一般需每日换水一次，换水时须将水加至瓶口，使枝条下端都能浸入水中，枝叶多的花卉水分蒸发量大，水位容易下降，特别是小口径花瓶，更应特别注意，应随时加满。如果数日不换水，因花枝汁液下泄，使瓶水混浊，容易腐败，致使花枝发烂而影响水分的正常吸收。可将花枝的剪口放在灯火上烧焦，以防止养分下泄与枝条发烂，此法确有成效，但须注意防止花瓣灼伤。

花 标 本 欣 赏

蒲公英标本

紫色牵牛花标本

楼斗菜标本

黄华菊花标本

四、手 花

手花常用于迎宾赠友,借此以寄情感,托意气。当前,国际交往频繁,加之开放旅游事业,来往外宾,尤重此礼,故手花之艺,当倍加重视。

手花不像瓶花那样要求精工巧艺,只要花枝丰满,色彩热情,排列有序,扎缚整齐,握持得势,就颇称不逊。

材料多选花枝坚实、叶片刚强、花冠硕大,颜色鲜艳,无刺少毛,香气浓郁,刚适盛开程度的草木花卉,以大花作为主体,余为陪衬。

扎前将花枝按30～50厘米的长度剪切,分花种将基部置于有浅水的容器,待主次材料备齐后再行扎缚成束。主花1～3朵置于中央,周围配以陪衬、花叶均宜。如整束叶片太多,应加以疏剪,使花多叶少,方能突出主体。分量要求适中,以一手握之,恰到好处。扎缚用麻片或塑料薄膜,务使扶持适手;为使手花保持鲜度,花枝基部可掺裹少量吸水纸,脱脂棉之类,可短期供应花枝的水分。扎好后如不即刻使用,可仍置浅水桶中暂贮藏,若大量制作则应用冷藏措施,以便确保鲜度。使用时再用塑料袋罩住整个花束,以免风吹日晒。

花标本欣赏

海星花标本

刺槐花标本

花鸟国画

鲜葡萄国画

花鸟国画

花孔雀画艺

橘红珍珠标本

龙爪豆花标本

鲜花国画

花鸟国画欣赏

梅花报春画

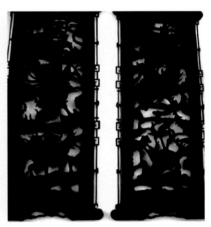

木雕画艺

五、花篮、花环

　　花篮多用于迎宾，或表示祝贺等礼仪；花环则多用于葬仪、追悼会。选材应偏重于花色以表情感。除丧礼均用白黄紫色之外，其他则多温柔醒目之色彩。在扎制时，必须先备骨架，可用铅丝、竹篾编扎，形式要比较精美大方，简便轻巧。花枝尽量选用蔓性或长花序，除去绝大部分叶片，基部以大如拇指，长及3厘米的脱脂棉球浸湿裹之（丧礼用白棉球，其他礼仪时棉球要染成美丽的颜色）。以防花朵失水凋谢。扎制可用综丝，但避免露出方显精致。花头一律朝天，从上而下，几枝并做一束，将花朵位置均匀密排，缺朵时逐步添加，有如放绳结鞭的添料方式，以中小花为基调，每隔一段，突出一朵大花。花篮应将篮口密排大花一圈，枝基朝内，以叶掩之。扎成后要外观丰满，花叶比例适宜，花朵分布均匀。扎成后，以清水喷湿，置阴凉潮湿之处，一昼夜后，花叶恢复新鲜，且花头向上，颇感生机勃勃，不失为高尚礼品。

手 花

花 标 本 欣 赏

银星秋海棠标本

鲜 花 的 欣 赏

睡　莲

万年青

百合花

芍　药

芍　药

牡丹花

牡丹花

杜鹃花

杜鹃花

杜鹃花

杜鹃花

杜鹃花

茉莉花

第二节　盆景标本制作

　　盆景，是人们在园林中常见的一种园林艺术陈列品。一盆优秀的盆景，能使人遐想联翩，并深感欣赏盆景是一种美的享受。它饱含诗情画意，能激发人们热爱祖国大好河山的热烈感情。盆景是我国传统的园林艺术珍品，是自然美和艺术美的奇妙结合。它利用不同的植物和山石等素材，经过艺术加工，模仿大自然的风姿神采，秀山丽水，置于巨不盈尺的盆盎之中。它以盆为纸，以树为画，运用缩龙成寸，小中见大的手法，给人以"一峰则太华千寻，一勺则江湖万里"的艺术感受。因而，被人们称为"无声的诗，立体

盆花欣赏

的画"。它是诗，却寓意于丘壑林泉之中；它是画，却富于生命的特征，因时而变。

　　正因为它能把优美的自然景物，缩影于玲珑的盆中，高山耸秀，密树葱茏。人们无须远出跋涉，却能观赏园林美景，领略天然图画，使人如身临其境，精神得到享受，性情得到陶冶，深受我国人民的喜爱，备受世界人民所赞赏，盆景艺术不愧为中华民族文化宝库中的一朵鲜花。

花 标 本 欣 赏

捕蝇草标本

花叶虎耳草标本

一、盆景的分类

盆景依其取材和制作的过程的不同，可分为树桩盆景和山水盆景两类。

狭义而论，盆景主要指山水盆景；广义言之，除树桩盆景和山水盆景外，还包括盆栽和石玩盆景。也有旱景、水景和水旱景之分。

旱景为盆中有培养土培养植物；水景完全放水，水中叠石；水旱景则水土都有。还以盆景规格分为大型、中型、小型和微型四种，但没有具体的规格规定。

另外，还有一种挂在墙壁上的挂壁盆景，甚为别致。

石玩盆景，也有称之为"孤赏石"、"石供"，是取形状奇特、姿态优美、色质俱佳的天然石块，稍加整理，配以盆、盘、座、架而成。广西桂林的钟乳石、柳州的花石，选配作石玩盆景最具特色。现将树桩盆景、山水盆景简要介绍如下。

盆花欣赏

二、树桩盆景

树桩盆景简称桩景，泛指观赏其植物的根、干、叶、花、果的神态、色泽和风韵的盆景。

树桩盆景树种丰富，形式多样，师法自然，苍古入画。盆内古桩或疏影横斜，或花果繁茂；状如野外巨木，似林海郁郁葱葱，造形力求枝叶片片，层次分明；明快流畅，苍劲潇洒。一般用粗扎细剪的方法来造型。

（一）树桩盆景材料的选择

树桩盆景的材料，一般选取姿态优美，树矮叶小，寿命长，耐移栽，耐修剪，易造型，抗逆性强的植物。适于制作古桩盆景的植物通常归纳为三类，即松柏类、杂木类、花果类。

盆景欣赏

松柏类：松柏类四季常青，意境丰富，最受欢迎。如五针松叶密针短，姿态优美；雀舌罗汉松叶短小，生长缓慢，最易控制，是我国特有的品种；黑松针叶粗硬翠绿，形态苍劲。锦松树皮自然裂开，颇为奇特；此外，如翠柏、伏地柏、桧柏等，都是广为选用的树种。

杂木类：杂木类各地取材不尽相同，鹊梅、湘妃竹、佛肚竹、六月雪、雀舌黄杨、瓜子黄杨、榔榆、鸡爪槭、九里香、鱼鳞木等树木的特点是枝繁叶茂，耐修剪，易造型。

花果类：花果类植物有优美的形态，又有艳丽的花果，观赏价值颇高。如金银花、海棠花、紫藤、杜鹃花、锦鸡儿、南天竹、梅花、石榴、火棘、枸杞、胡颓子、紫薇、金柑等。

根据这些植物材料的生态特点和构图艺术的要求，通过吊扎、修剪、整枝、嫁接等技术加工和精心栽培管理，长期控制其生长发育，以达到形如咫尺山林之势，状如千年古木之貌。

（二）树桩盆景的造型形式

树桩盆景的造型，虽强调苍劲古雅，再现自然，因此，似乎没有什么现成的法式。其实，根据美学、构图艺术的基本原则，以及广大群众喜闻乐见的实际反映来看，树桩盆景的造型仍然是有规律可循的。所以，我国树桩盆景的造型形式约有以下数种，多为园艺界所承认。

1. 直干式 有单干、双干、多干等。单干式主干只有一根，或直线上升，或扭旋上升，或曲线上升。单干式的枝叶多为倾斜或水平展开，多表现为挺拔气势。双干式主干有两根，最宜一高一矮，一向左一向右，互为呼应，但忌两干同高矮或相距太远。多干式主干在三根以上，他们的姿态应高低参差，前后错落，最好是一盆一种，而由本株根际萌发出的多干式最为美观，干的数量以单数为宜。

2. 悬崖式　如大悬崖，主干在盆内生长了较低的高度后，急剧伸出盆外而向下悬垂，如藤本类花卉或菊花满天星类最宜造成此型。如果干基部直立，而顶部曲向一方，而枝条再向上展布者称为小悬崖。大悬崖用以装饰几案间，俨若岩头飞瀑，最饶兴趣。

3. 合栽式　数株同种或异种的树木，或者数种草本同植一盆即为合栽式。树木可同植落叶树或常绿树，也可常绿和落叶混植，其数量仍以单数为佳。如有将"松、竹、梅"同植一盆而表现"岁寒三友"，而广东昔有将"令（灵芝）、仙（水仙）、祝（天竹）、寿（罗汉松）"同植一盆，堪称雅作。合栽式还易表现自然山林气氛。合栽式对构图艺术的要求较高，多在树苗幼时就有意识培养，方能如愿。

紫竹标本

4. 横干式　即选树的一横干为主，再使其向上发生多枝，且参差不齐，此法用得较少，多用于松柏、梅花。

5. 露根式　某些树木常生于石隙岩傍，而年深月久，表土分解而散失，则根群暴露，如能移入盆中，保持此状，堪称难得，苏浙一带的树桩盆景，多此造型，但以人工制作为主。

6. 蟠曲式　主干左右曲折，势如蟠龙；或主干虽然上升，而将主枝蟠曲层叠似云。此种造型虽运用颇广，但忌过分矫揉造作而失去自然之美。

7. 卧干式　将30厘米左右长的主干压卧土中，干上就发芽，只留3～5枝，再将其移入细盆中，并使干部分露出表面，观之犹如江面上的浮筏，形态也很奇特。

8. 枯梢式　大自然里，松柏等老干的顶上，常有灰白色的枯梢，向上直耸。因此盆栽的针叶树，如顶上有损伤，把枯梢外皮剥去，并把顶端削成圆锥形，形成一段灰白色的枯梢，这样可以补救顶端枯死的遗憾。紫藤、松柏可造此型。

9. 附石式　选取天然多孔的石头，将松柏之类的根引入石头的洞孔中，盘根错节，年久融为一体，酷象峭壁山中的千年古树，颇为奇观。

总之，树桩盆景的形式变化多端，由于枝干盘扎，剪枝方法等情况不一样，可以变出种种不同的树形，但是均须符合画意。应多观察大自然，观摩古今名画。如自然界的枯干古梅，摩天的银杏，披散的垂柳，绝壁悬崖的苍松，直伸不屈的老杉，都可以作为制作树桩盆景的蓝本，而不被所谓程式所束缚。

树桩盆景在造型上风格各异，如瓜子黄杨、榆、六月雪、罗汉松等人工剪扎，寸枝三弯，层次分明，平稳严整；紫薇、海棠等悬根露爪，古奇雅致。有的以加工技巧、古朴自然取胜。但如矫作过分，严整有余，而自然不足，缺乏野趣和画意者，足不可取。

盆景欣赏

风流草标本

刺洋槐标本

圆穗茶蔗子花标本

花 标 本 欣 赏

仙人球标本

玉簪花叶标本

铺地锦竹草标本

紫擎天凤梨标本

（三）树桩的培育

树桩在种植前应先进行一次修剪，以形成桩景骨架。因此，对"胎块"的修剪有严格的要求，树干上枝杈的去留或锯剪的长短，要细心省度，反复琢磨，做到心中有数后再动手，千万不要盲目动剪。树干与主枝，以及主枝与主枝的关系，要经过四面观察。一般说来，单干忌直，如树桩是单干，就应考虑保留弯、折、曲等部位。双干的应有高低变化，直斜对比。多干，则应考虑高低、大小、疏密、远近的变化以及前后、左右呼应等关系，还要有穿插，才不至单调、呆板。干或枝的锯截处最好留有分枝或转折，过渡自然。

百合挂兰标本

树桩种植的方式，有盆栽、地栽及砂床培植三种。盆栽时，悬崖式的树桩要斜种。露根式的树桩要浅种，根茎置于盆沿以上，培土略高。冬前种植的，要做好防冻保暖工作，选择地势高燥、背风向阳处连盆埋入土中，盆面也略堆薄土一层，然后灌足水，覆盖稻草或搭矮棚。地栽的，畦宽1米左右，应设风障或棚架。矮棚南高北低，北面应固定遮蔽，南面风障可移动，便于管理。栽后浇足水，次日再培土，仅留一小部分露出土外，以后根据天气情况注意浇水，寒潮之前必须浇足水，可防冻害。

除遮荫、浇水、施肥外，"养胎"期间还需做好剥芽、摘心、修剪及松土、除草、防治病虫害等项工作。

盆花造型

盆景欣赏

（四）桩景材料的人工繁殖

桩景材料繁殖方法与一般植物繁殖方法相同，主要有扦插、压条、分株、嫁接、播种几项。

1．扦插　扦插是取植物营养器官的一部分，插入土壤或其他基质中，创造一定的环境条件，使其生根萌芽，长成新的植株。

硬枝扦插：大都在树木落叶后发芽前进行。插穗选 1 ～ 2 年生的枝条。有些树种甚至可用多年生的老枝扦插，如罗汉松、瓜子黄杨、火棘等，在春季发芽前，将剪取的老枝，仅留顶端少部分枝叶，其余全部平埋在土中，4 月以后适当遮荫，第二年掘起上盆制作桩景。一般硬枝扦插插穗长 10 ～ 15 厘米，插入土中 2/3 左右。

软枝扦插　大多在梅雨季节进行，这时嫩枝生长已半木质化，第一次生长已终止，积累了一定的养分，加上梅雨季节空气湿度大，容易插活。在早上枝条含水最多时剪取插穗，随剪随插，插后浇透水并严格遮荫。

为了提高扦插成活率，无论硬枝扦插或软枝扦插，均应加强管理。经常喷水，保证足够的空气湿度，注意遮荫，不使阳光直射，有可能时，利用电热丝或其他方法提高扦插基质的温度，使其高于气温摄氏 2 ～ 3℃，对生根有利。此外，用化学药剂萘乙酸、吲哚乙酸生长激素处理插穗，也可促进生根。

2．压条　扦插不易成活的树种，可用压条的方法繁殖。将植株的枝蔓埋入土中，利用母株营养萌发新根，待发育成独立植株后，切离母株，另行栽植。压入土中的部分，应行环剥或刻伤，以促进生根。压条时期，落叶树在早春，常绿树在梅雨季最妥。如盆栽梅花一般用去年生的枝条进行压条繁殖，在早春将打算压入土中的部分破皮半圈，长 8 厘米左右，堆土压实并用树杈固定，当年生根，到第二年春再掘起移栽。

3．分株　是将植株的根或地下茎萌发的小株分离母体，如文竹、棕竹、佛肚竹、凤尾竹、银杏、枸杞等常用此法。分株时小株应带有足够的须根。分株时期以 10 ～ 11 月或春季 3 ～ 4 月为宜。

4．嫁接　就是人们常说的移花接木。是把一株植物的枝或芽接到另一株植物上。用以嫁接的枝或芽称为接穗或接芽，承受接穗或接芽的植株叫砧木。有些桩景材料，如五针松、锦松、红枫等，用其他方法繁殖不易成活，采用嫁接繁殖，效果较好。

5．播种　凡是能开花结籽的树种，都可用播种法繁殖，如黑松、白皮松、金钱松、紫薇、石榴、银杏、黄杨、虎刺等。但除火棘、石榴等少数树种外，桩景材料很少用播种法繁殖。播种仅用于繁殖嫁接用的砧木，如黑松、果梅、山桃等。播种的首要工作是选择纯正、饱满、新鲜而有光泽的种子，这样的种子出芽率高，生命力强，幼苗茁壮。播种前先要浸种催芽，对于种壳坚硬的种子要破伤种皮。用盆播或作床地播均可。播种后要保持土壤一定的湿度，出苗过密的要间苗。播种的时间以春秋二季为适宜，也可随采随播。

（五）桩景的制作

1．攀扎的时期　攀扎的时期必须适宜。若在不适当的时期攀扎，不但枝易折断，树势也会变弱枯死。通常花木类在翻盆的前后或秋季进行，针叶树在发芽后施行。梅雨季是一切树种进行攀扎最适当的时期。一般说来，在生长最旺盛时期的前后攀扎，最为妥当。枝弹性大的树种如六月雪，一年四季均可攀扎。

2．攀扎的方法　野外挖到的树桩，树干苍老已定型，无需攀扎。人工繁殖的桩景材料，树干有时需要攀扎，而最需攀扎的是树枝。一般树枝的生长习性都是笔直地向外侧生长，这种直而无姿的树枝显得很单调，必须经过攀扎，才能具有一定的姿态。攀扎可使直枝弯曲改变方向。一般将水平伸展的直枝弯成三个曲，俗称"二弯半"。靠近树干的这个曲是半弯，又称为"柄"，这个半弯弧度小，另外两个弯弧度要大一些，但两个弯的大小不能相等。弯成后，整个树枝成为一个不规则的 S 形。同时，在同一桩景上，每个主枝的长短及弯曲角度不能相同，以免呆板失真。

3．攀扎的材料 用棕绳或铅丝如用棕绳攀扎，第一步将棕绳的中段缚住树干的一点，把棕绳的两个头不断绞着前进，这样可增加棕绳的强度，至侧枝打一个结，制成半弯，第二步以同样的方法延伸向前，又打一个结，第三步延伸到梢，前后制成两个弯，加上最前面那个半弯，这个枝的攀扎即告完成。值得注意的是，在攀扎和修剪每一局部时，须时时注意与整个树形的关系，同一桩景上，忌大小、形状相同的两个片子并存，忌前后、左右对称，桩景下面的片子一般应比上面的片子大。此外，片与片之间要有联系或呼应，不能彼此割裂，互不相干。每一片均应成自然形，忌成几何形。

4．提根的方法 古树的根常裸露土面，悬根露爪可使桩景更显苍老奇特。 提根的方法可结合翻盆进行， 逐年将粗根露出土面，或从小将根部盘曲，年深日久， 就可达到盘根错节的效果。

（六）树桩盆景的制作

盆景制作方法很多，有从幼苗开始培养，随着苗木的生长，不断加以整形修剪而成的；有通过园艺手段，进行移花接木，加速培育而成的。这些方法虽然可取，但要培养出一盆苍劲古雅的树桩盆景，单靠上述办法，少则几年，多则十几年甚至几十年才能见效，显然是谈何容易，等之不及。因此，园林部门多采取到野外挖取野生树桩，再行加工的速成办法，业余爱好者则更为可取。但是，如果挖取时措施不当，也会劳而无功，事与愿违。为了保证成活，必须做到：适时挖取，迅速处理，合理种植，精心护理。

1．适时挖取 桩头挖取以植物休眠期即将结束，树液开始流动，芽苞开绽时为最适宜。因此时的蒸发不强烈，但生机蓬勃，栽植后容易恢复树势。挖取的具体时期，依各树种物候期不同而异。因此，必须充分掌握树木的生物学特性，抓住适宜时机，及时挖取。当然，在特定的条件下，生长季节也可挖取，但必须采取特殊措施。

2．迅速处理 桩头一经挖取，必须迅速将根、枝的切断口修剪平滑，常绿树应剪掉部分叶片，剪除叶片的多少，依根部受损情况而定。修剪太少，叶片蒸发水分多，而根部受伤吸水能力减弱，造成水分供不应求，致使枝叶萎蔫；如果修剪太多，则影响光合作用的效率，有机物的合成减少，不利新根的生长。此外，必须将枝条剪口断面及时用塑料薄膜包扎，以防水分蒸发与细菌侵入。根部的粗根断面，除用利刀削平滑外，还应将根刻伤几处，可刺激萌发新根。在生长期挖取桩头时，要带好塑料薄膜袋和废纸，挖取后立即将根、枝、叶进行适度修剪，并用湿废纸包裹根部再放入薄膜袋内，用小绳把袋口密封，放置阴凉处，不论何时挖回的桩头都要尽快种植，如果在空气中暴露太久，致使根毛枯萎，影响桩头成活。

3．合理种植 种植新挖回的树桩应选用土质疏松、排水透气良好的土壤，但肥力不能太大。土壤配合比例可按细河沙、素山泥各 50%，种植时要用竹扦将泥土插实，使土壤与根部密接，种植后须浇水压蔸。

4．精细护理 护理好坏是新桩头成活的关键之一，种植后，用竹条和塑料薄膜搭拱棚，可以减少水分蒸发，增加空中湿度，在拱棚上再另设荫棚架，以备必要时加盖芦帘遮荫。太阳强烈时，须用细孔喷壶喷水。如果用电动喷雾器喷水，可搭成高 2 米、宽 3.5 米、长约4米的塑料薄膜拱棚，管理方便，生根快。新的枝叶生长后，不能过早将多余的枝叶抹除，否则会抑制新根生长。待新根生长后，可适当增加光照，降低空气湿度，以增加树桩的适应能力，同时，可以施少量腐熟稀薄液肥，但必须注意少量多次。

三、山石盆景

（一）选石

山石材料大致分为两类：一类是质地疏松，易吸水分，能生苔藓的软石。如湖北黄石的砂积石、芦管石，江苏昆山的鸡骨石，东北的水浮石等。一类是质地坚硬，不吸水分，难生苔藓的硬石。如广东的英德石，江苏太湖的千层石、太湖石，福建沿海的海浮石，广西等地的钟乳石。

各种山石的质、纹、形、色不同，运用的艺术手法和技术方法各异，因而表现的主题和艺术风格也就各不相同。如钟乳石岫岩幽洞，奇峰突起；英德石嶙峋突屹，折皱繁密；太湖石的剔透玲珑，浅纹流畅；仲岩石的深厚沉重，圆润古掘等。各种石质不同也各具利弊，如软石类容易加工，吸水能力强，利于植物生长，但容易破裂，易风化。而硬石类不吸水，加工困难，但表现雄伟挺拔险峻的山峰的艺术效果较好。

（二）石料加工

一块天然石料，色有深浅，纹有粗细，形有巧拙，必须仔细审察，将精华部分锯下，如有美中不足，则人工予以雕琢。加工中若有损坏，可用水泥、万能胶胶合，注意纹理色泽的吻合协调。石料不论大小，都勿随手遗弃，因为在布景的时候，大小石头都有可取的机会。有时点缀小石一块，构图却画龙点睛。

（三）盆的种类与特色

盆是盆景的重要组成部分，因此盆景制作对盆的选择十分讲究，尤其是山水盆景，要求更高。一般有石盆、砂盆、磁盆和人造石盆等。石盆有大理石盆、钟乳石的"云盆"等；砂盆有紫砂、红砂、白砂、青砂和紫皮砂等。砂盆产地以江苏宜兴最盛。磁盆色彩鲜艳，加工精细，色有白、青、黄、绿及彩绘或色裂等，产地有景德镇、佛山、唐山等地。还有人造大理石、水磨石盆等。盆景用盆也无定规，完全可以创新猎奇，创造新的风格，丰富盆景艺术的宝库，如有人将树皮予以适当的加工，做盆使用，真是古朴自然，别有雅趣。业余

盆花造型

爱好者更是不必守旧，利用自己现有的条件，创造出新颖别致的盆景。

盆的形状更是不一而足，有圆形、椭圆形、正方形、长方形、六角形、八角形、海棠形、菱形或树干形等。不同的材质、式样、色彩，其风格也各异。如陶盆古趣，磁盆轻巧，石盆鲜明。

鲜 花 的 欣 赏

仙客来   君子兰

君子兰   君子兰

君子兰   兰 花

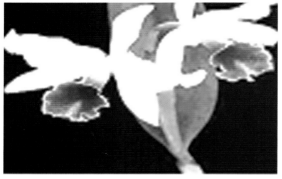

兰　花

蟹爪兰

蟹爪兰

蟹爪兰

碧桃花

栀子花

栀子花

栀子花

葡　萄

金　橘

月季花

第三节　花的干标本制作

一、干花标本的制作

干花标本是通过剪取带花的枝条，放在容器内，经干燥包埋、风干，然后倒出干燥剂，将其固定在透明的容器内密封，制成的立体干花标本。植物主体干花标本，保持了植物茎、叶、花生活时的颜色与姿态，不但生动自然，制作简单，而且还可以永久存放、使用。

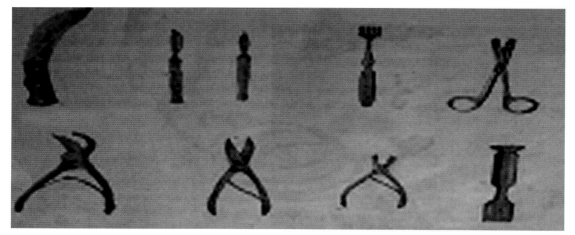

常见干花标本的制作工具

（一）常见干花标本的制作

1.工具　枝剪、500 毫升烧杯、较大的玻璃瓶、培养皿。

2.材料　8 号铁丝、木制底座、硅胶、硬纸板、回形针。

3.标本制作　取一段 8 号铁丝并盘旋，而后把盘在中央的一头拉起，使铁丝成盘旋状，再把拉起的一头铁丝插入花柄中，用硬纸板围成一圆筒，用回形针别住，圆筒的长度和直径以能罩住花为好，把花连同盘曲的铁丝放在培养皿中，用圆筒罩住，向内灌入硅胶直到淹没花为止，筒上盖一玻璃片，放在阳光下晒一周左右。而后放在大容器中，抽去纸板圆筒，硅胶散落，露出脱水后的干花。把干花连同铁丝插入木制底座，放入玻璃瓶中，加盖，用蜡封口。干花标本制作完成。贴上标签、采集地点和日期、采集人姓名。

（二）月季主体干花标本的制作

1.制作前的准备

（1）干燥剂的选择　可购买新出厂的、颗粒较小的珍珠岩作为干燥剂。珍珠岩为建筑保温材料，不但轻，包埋植物时，叶、花不易变形，且吸水能力强，是较理想的干燥剂。

若买不到珍珠岩，可用沙子代替。但沙子需反复冲洗，冲去土粒，晒干备用。

（2）包埋月季容器的准备　包埋月季花的容器的体积应比标本大，并具较好的透气性。如带细孔的纸箱（一般纸箱用针扎些小孔）、带有网眼的塑料容器（若网眼过大，可在周围衬一层白纸）等均可。

（3）盛放标本的容器准备　可选择带盖的透明玻璃容器或有机玻璃容器。

2．制作方法

（1）剪取月季花　选择天气晴朗的日子，在上午 10：00～下午 5：00 时，剪取花朵较好、颜色艳丽、未彻底开放、叶片、花瓣上没有露水、带 2～3 片复叶的月季花。

（2）包埋月季花　先在包埋容器的底部，放一层珍珠岩或沙子，将花柄插入。然后向容器内缓缓注入珍珠岩或沙子，包埋月季花。在包埋过程中，注意保持花的本来姿态。完全包埋后，将其放在通风干燥处，自然风干两周。

（3）整形、密封　干燥两周后，倒出珍珠岩或沙子，若有个别花瓣脱落，可用解剖针蘸少量乳胶粘合。在盛放月季花容器的底部，放一块 2 厘米左右厚的泡沫塑料板（为了好看，上面可粘一层吹塑纸），贴上标签，选择干燥后叶片、花朵颜色较好，形态自然的月季花，插入容器的泡沫塑料板内，将其固定好，放入干燥剂（如硅胶、无水氧化钙），密封即成。

（三）干燥花标本的制作

1．熟悉材料　干燥花创作时，须对所使用的材料有所了解，并考虑作品的色调、作品形式和整体表现。作品结构的平衡与摆设地点需相称，可营造视觉上整体美感及安全稳定性。颜色的选择可依照个人喜好或环境作适度调节。至于用色技巧，可依个人喜好或在生活中慢慢学习。

2．选择干燥方式　干燥方式有自然干燥及人工干燥两种方式，自然干燥可选择无雨、通风、无强烈日光照射处，采用倒吊、平置或干压等方法处理。人工干燥采用干燥机械或干燥剂强制，将水分自植物体内移除。提醒你，并非每一种花均适合制成干燥花，基本条件是植株本身含水量较少，叶片具革质或枝条形质优美者为佳，如多肉植物就不适宜。

3．慎选花器　一件完整的作品必须与摆设地点的环境配合，才能突显出独具的特色，不宜忽视花器。花器的选择可依作品使用目的而定。由于干燥花不需要供应水分，可运用的花器便不受限制，只要有创意且具实用性，触目所及的物品均可利用。不过，使用仍须考量花器材质及安全性。

4．保存方法　作品及花材的保存方法，需视素材而定。摆设及储藏环境要保持通风，避免湿气过重及阳光直射处，灰尘太多的地方也不宜放置。如已发霉，可及时移除更新。若是木本枝条可拆下，则用温肥皂水清洗干燥后重新使用，若情形不严重可用棉花棒沾酒精清除。如果因受潮而损毁严重，则可以考虑更新花材重做设计。若有褪色，以染色或喷漆处理，增加颜色变化并延长观赏期限。

花 标 本 欣 赏

石竹花标本   紫叶李花标本

二、花标本的其他制法

（一）花瓣干标本的制作

在野外采集和制作花瓣标本，是一种有意义和有乐趣的工作，花瓣标本最好是在植物开花期采摘的 花瓣。要采集制作花瓣标本，需准备标本夹和吸水的萱草纸，标本夹可以自己动手制作，用木条做两片网式架，架上要留有可绑绳索的头，两条木架之间放吸水的草纸，用绳绑好随身携带。

全株花瓣采下后，先将花瓣整理齐压放在草纸上，然后将花瓣整理好，每片瓣要展平。不能因为瓣多摘掉，有一部分瓣要反放，这样压好的标本瓣的正反面均有。在上面再铺几层吸水草纸，用木夹压紧绑好，花瓣标本不能在太阳下晒。这样容易变色，压在标本夹内的标本每天要翻倒数次，每次换用干燥的吸水草纸，用过的纸在太阳下晒干以备下次翻倒时使用，标本夹压标本主要是靠吸水草纸，将植物的水分吸干。压好的标本，花瓣的颜色不变。压好的花瓣标本，可用来做教学用品和装饰品。

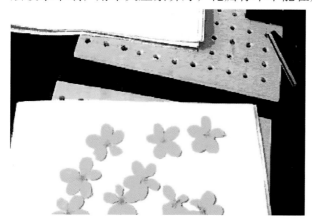

用多层吸水纸包夹着一层花瓣压制吸干

在野外活动如果你没有带标本夹，可以用餐巾纸或卫生纸代替吸水草纸，夹在纸板或塑料箱板中用绳绑紧也可，或将干花瓣夹在笔记本中。

花 标 本 欣 赏

大丁草菊花标本　　　　　　　　　　　　下若地花标本

（二）压花标本的制作

1. 采花　早上带上全套采花工具进了花园,包括:手套（棉质、乳胶均可）、枝剪、剪刀、保鲜袋或塑料袋若干。收集花材的时间最好是晴天早上的 9：00 ～ 10：00，这是植物枝叶展开与花朵绽放最有生机、色泽最艳丽的时辰。用枝剪小心翼翼地将花带枝剪下，保留一段花枝，可以维持较长时间的保鲜。然后放进塑料袋中。塑料袋中最好放入两团沾有双氧水的棉花球，起防腐保鲜作用；最好是每种材料分袋装，不易混淆又容易处理。

2. 压制　用两块木板作压花板，在上面打一些孔，以利水分挥发，四周用四颗螺丝来固定和调节厚度。还需要一个密封盒，找一个有密封性的容器；干燥剂用硅胶，又便宜又容易买到。将整朵花或者分解的花瓣放于吸水纸上（卫生纸、棉纸、报纸都可以），几层吸水纸放一层花材，再铺几层吸水纸再放一层花材，最后用砖头等施以均衡重压即可，放于通风干燥的地方，勤换吸水纸，最好一天一次，7 ～ 10 天材料就压干了。如果制作时遇到潮湿天气，可以选择用熨斗或者微波炉来压制。将熨斗的温度调整到 100 ～ 160℃左右，底部滴几滴水，熨压 30 秒到 1 分钟左右。

3. 构图　要了解材料的材质、形态、色彩情况，花材、卡纸、裱框材料的特性，素材的基本形状。可简单归纳为点、线、面。点的聚合和线、面的延伸即呈现各种不同的形态。

4.粘贴 在花材背面涂满胶液，使花材牢固粘贴于衬底上。要保持花朵的完整性，不能损坏花瓣。

（三）花果标本制作

1.药品 升汞，酒精，二硫化碳，樟脑等。

2.工具 小锄头、树枝剪、标本夹、麻绳、采集箱、吸水草纸、气压表及指北针、三开放大镜、外采集标本记录册、标本号牌、工作记录本、用较厚的纸做成的属夹、种夹、大小牛皮纸袋、文具用品（毛笔、铅笔、橡皮、小刀、直尺、纸张、塑料布）等。

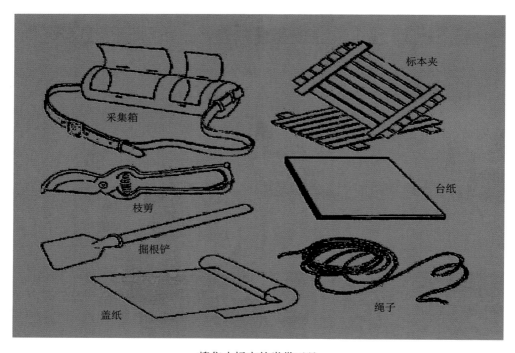

搜集小标本的常带工具

3.制作方法

（1）**标本的采集** 要选择完整、最有代表的植株或枝条，即要选择有花、有果实的植株或枝条。如果是药用植物，其药用的部分是根、地下茎或树皮，就要选择适量的药用部分进行压制。采集标本时，同一种标本应采 3～5 份以上，以便研究与交换。若遇稀少及珍贵的植物多采几份。每采一种标本都要挂上好牌，同一种植物要挂同一号牌。切勿将号牌挂错。采集时要保护资源，切勿滥采。

（2）**野外采集记录** 为了解植物的分布、生长情况，地理环境以及植物本身某些固有的特点，如颜色、气味等，凡采到一种植物，都要作详细的记载。记载的主要内容，除植物名称、产地情况、海拔高度、时间、地点、用途外，特别要注意记载植物干后容易发生的内容。如花的颜色，原来有白、黄、红等颜色，压干后都成枯黄色的。有的植物有香气或其他特殊的气味，干后均闻不到了。有的植物新鲜时有乳汁，有的是白的，有的是淡黄色的，干后也分不出来。这些在细地观察，及时填写在记录签上，该签 100 张装订成一本。

（3）修剪整形　取出采集箱中所采来的标本，动作要轻、慢，以免损坏标本。选择最有代表的一部分进行修剪，把多余密选的枝叶剪掉。

（4）标本压制　先将缚上麻绳的一块标本夹板放在地上或桌上，放上几层吸水草纸，将修剪整形过的植物标本平展在吸水草纸上，然后放层标本，又放上 1 ~ 2 迭吸水草纸。这样，吸水草纸与标本逐个间隔开。在吸水草纸上通常只放一个标本，小的可以放几个标本。容易脱落下来的花、果实等要用纸袋装起来，纸袋上应写明该标本的采集号，与标本放在一起。将最后一份标本放好后，加上几迭吸水草纸放上另外一块标本夹板。用麻绳捆紧，或再在标本夹上增加压力。将标本夹放在有阳光的地方，促进水分蒸发。压制在夹内的标本，要勤换吸水纸，潮湿季节里，头几天应每天早晚各换一次，换出来的潮湿草纸应抓紧时间晒干或烘干，替换进去的草纸一定要干燥，否则标本容易霉烂。每次换草纸时动作要轻、要仔细，同时应注意标本的形状，叶子一定要平展，不能有重叠破皱现象。一般植物标本压在标本夹内，天气晴朗时，十多天就可干燥。

（5）标本装订　将压干的标本放在台纸上，台纸以 250 ~ 300 克之间的厚卡片为宜。一张台纸上通常只能装订一份标本，小的标本可以装订几个，装订前再一次打结不能太大。将标本装订好并经消毒后，在标本上盖上一张很薄的衬纸，以免标本在存放时相互摩擦而损坏。易脱落的花瓣、果实等装在纸袋内，附贴于原标本的台纸上，便于查考。在纸袋上注明采集人姓名和号数。

（6）标本消毒与杀虫　野外采集的标本，有时带有害虫或虫卵，存放久了，虫害蔓延，往往使标本遭受损坏。因此标本存放在柜之前应经过杀虫、除菌处理，以免后患。杀虫的方法多种，常用氯化高汞配成千分之五的 57% 的酒精溶液，将标本浸过一遍最有效。在标本柜中放一些樟脑球，也有防虫之作用。

（7）标本存放　应把同中标本放在一起，把不同种或变种的标本彼此隔开，以便查找。标本室应干燥通风，严禁烟火。拿动标本时，要轻取轻放，不要损坏标本。更不能将标本翻转颠倒。标本上的花、果不能随意取下。

（四）面花的制作

1.面花原料　上等面粉 500 克，鸡蛋 1 个，黄油（或化猪油）200 克，食用红色素、色拉油各适量。

2.面花制作

（1）和面　先将黄油在适量的温水中溶化成油水溶液，再将面粉纳盆打窝，磕入鸡蛋液，然后慢慢倒入油水溶液，顺一个方向充分拌匀，并揉至表面光滑时，用湿布盖好，静置 30 分钟。

（2）擀面　在宽大的案板上，将面团擀压成 0.3 厘米厚的大片，再刷上用清水稀释过的食用红色素，然后沿中线对折，擀成 0.3 厘米厚的薄片。这样，面皮中间就有了一层红色。

（3）切坯

①先用刀在面皮的一边切去一块，再向内折叠 5 厘米宽，并沿直线切下，制成长坯条，依法逐一切完。

②在长坯料上分别切出四刀一断、五刀一断和十刀一断的三个连刀坯子。每刀刀距为 0.3 厘米，切口长度大约 4 厘米。

（4）面花成形

①麻花形　将四刀一断的连刀坯子从折叠处展开，再把一头从中间刀口穿过，轻轻拉直即可。亦可将两块分开的连刀坯重叠后，再用相同方法翻出。

②桃形　将五刀一断的连刀坯子从折叠处分开，再将两端重叠后用力压紧，使两头粘连，然后将第一根轻捏成桃尖形，顺势往一边拉倒，其余四根轻捏桃尖后，依次一左一右地拉倒即成。

③莲花台形　将十刀一断的连刀坯子按制作"桃形"的方法，先做成两个对称相连的形状即成。

④蝴蝶结形　将剩余的边角余料，用花边刀切成菱形块或长方形块，再用拇指和食指对称一捏即成。

（5）炸制成熟　将制作成形的面花，及时放入五成热的宽油锅中，炸至面花微黄且熟时，捞出沥油即可。

（6）面花的味型　面花的味型可根据自己的喜好来调制，不仅可调制成纯甜味、椒盐味，还可调成葱油味、奶油味、椰子味。面花成品既可作为小吃单碟上桌，亦可作为辅料用于菜肴围边或做盘饰。

第四节　植物标本制作

一、标本的采集与保存

（一）叶、茎、花、果标本的采集

1. 尽可能选择根、叶、茎、花、果　因为花和果实是鉴定植物的主要依据，同时还要尽量保持标本的完整性。采集矮小的草本植物，要连根掘出，如标本较高，可分为上、中、下三段采集，使其分别带有根、叶、花（果），而后合为一标本。

2. 要有代表性　要采集在正常环境下生长的健壮植物，不采变态的、有病的植株，要采代表植物特点的典型枝，不采徒长枝、萌芽枝、密集枝等。

3. 保护好所采集的植株　把采集到的标本放到采集箱里，如植株较柔软，应垫上草纸，并压在标本夹里。

4. 要给所采集的标本挂上标签，并注明所采集的地点、日期及采集人的姓名，并且记下植物的生长环境和形态特征如陆地、水池、向阳、气味、颜色、花的形态、乳汁等。

5. 草本植物，应该采集根、叶、茎、花或果实尽可能齐全的植株。

6. 木本植物，应该采集长有叶、花或果实的枝条。

7. 给采集到的标本挂上号牌。

8. 把采集到的标本轻轻地放进采集箱（或塑料袋）内。

9. 采集标本的时候，要注意安全。不要乱吃乱尝，以防中毒。

10. 尽快把整理过的标本放在几层容易吸水的纸上，使叶、花的正面向上展平（要使少数叶、花的背面向上展平），然后盖上几层纸。

11. 把标本层层摞起来，用标本夹夹好并缚紧，放到背阴通风处。

12. 每隔一定时间，用干纸更换标本夹里的潮纸，同时对标本进行整形，力求标本尽快干燥。

13. 用纸条把干燥的标本固定在台纸上，贴好标签，再贴上盖纸。

（二）植物标本的保存要点

1. 避光保存　阳光照射，标本易变色，失去原色。

2. 低温保存　最好使标本室的温度不超过 28℃，不低于 0℃。温度过高，可使标本变形、流汁、腐烂变质；温度过低，可使标本色泽产生变化，皱缩。

3. 保存时间不宜过长。

4. 防止杂菌生长，要避免经常搬动。要做好标本柜，把标本分门别类上架保存。

二、植物标本的制作

（一）蜡叶标本的制作

1. 台纸式

（1）工具　标本夹、枝剪、小刀、记录本、笔。

（2）材料　台纸、标签、草纸（或报纸）。

（3）标本压榨干燥　将采来并经过修整后的标本，铺垫好吸水性强的纸数张，矫正好标本花和叶的位置。摆放标本时，应注意显示植物的自然状态，避免花、叶压在一起，互相重叠。应该使标本有一个或几个花、叶转过来，以观察它们的背面。然后把它们用压榨板或标本夹压好，并用绳子捆绑紧。换纸必须勤快，刚采回的新鲜标本，头 3 天要每天换纸 3 ～ 4 次，至少换 2 次，以后可每日换 1 次。换下来的湿纸晒干，以便再次使用。干燥需要时间长短，以植物本身性质而定，一般植物的干燥处理约需 4 ～ 5 天。鉴别标本干燥得是否适度的简单方法是，当我们拿起标本时，如果是没有干的标本，个别柔软的部分，容易弯曲下垂；过于干燥的标本，很容易弯曲折断；干燥适度的标本有弹性，且不易破损。

（4）消毒处理　因为植物体上往往有虫子或卵在其内部，如不消毒，则会被虫子蛀食破坏。消毒方法可以将压干的标本放在消毒室或消毒箱内，再放敌敌畏于玻璃器皿内，置入室内或箱内，利用气熏法杀虫。约 3 天后取出即可装帧。

（5）上台纸、贴标签　把已经干燥的标本放在台纸上，摆好位置，尽量做到美观，尤其应注意标本的花枝不可太近台纸边缘，否则易碰坏。固定的方法有多种。可用线将标本牢固地缝在台纸上；也可以用纸条贴在台纸上，或在台纸上要固定植物枝条的地方。用刀各割一个小口（宽窄正好能穿过纸条），穿过纸条，把纸条的两端粘贴在台纸的背面。每件蜡叶标本必须附有标签。标签是标本的科学证明，标签要按野外记录逐项填写清楚。通常贴在台纸的右下角。

（6）贴标本衬纸　最后，将一张跟台纸同样大小的油光纸贴在台纸上端的边缘，使油光纸盖在标本上面，以保护标本。最后，把已经干燥的标本分别固定在台纸上，标本上要填写植物的名称、采集地点和日期、采集人的姓名。这样，一件台纸式植物标本就制作完成。

2．盒式

（1）工具　尺、枝剪、刀、黏合剂。

（2）材料　硬的透明塑料板、吸水纸、透明胶。

（3）制作时将采集来的植物标本，用枝剪、刀修剪，剪取枝叶茂盛带花的部位，小的植株可保留全株，所取植物标本一般以高度 25 厘米为准。用毛刷在清水中轻刷标本各部分，而后放置吸水纸上并置于阴凉通风处晾干。根据选好的标本的大小量好尺寸，用刀将透明塑料板割出盒的盖和边盖，量取一硬纸板（三合板）做底板，然后用黏合剂黏合成一透明的盒状标本盒。把已经干燥过的植株放入标本盒里，用透明胶粘合在底板上，贴上标签和编号以及采集人和采集地点、日期。

花果标本欣赏

豆科荚果和翅果绘画

豆科蒴果的绘画

（二）植物有色标本和透明标本的制作

1．绿色标本保存法　将醋酸铜结晶加入 50％冰醋酸溶液中，直加到溶液饱和为止。然后用 4 倍水稀释，再加热至 80 ～ 85℃。把要做成标本的植物放进烧热的溶液中，继续加热。直到植物由绿变褐，再由褐转绿时，即可把植物取出用清水洗净，保存于 5％福尔马林中。对于不适于热煮或药液不容易透入植物，可以改用硫酸铜饱和水溶液 700 毫升、福尔马林 50 毫升、水 250 毫升的混合液，将植物放入这种液体中浸渍。浸渍时间的长短，要视植物老嫩程度和种类而定。一般地说,植物幼苗浸 3 ~ 5 天即可,而成熟的植物则需浸 8 ~ 14 天。最妥善的办法是从浸后的第三天起,每天检查一次,见到植物褪成黄色而又重新变成绿色时,即可取出,用清水将药液洗净,然后放到 5%福尔马林中保存,标本就制成了。

2. 黑色、红紫色、紫色标本保存法　用福尔马林 450 毫升、95%酒清 540 毫升、水 18 100 毫升混合起来,取澄清液用来保存标本。另一种方法是:福尔马林 500 毫升、饱和氯化钠溶液 1 000 毫升、水 8 700 毫升混合液的澄清液,也可用来保存标本。红色标本保存法:硼酸粉 450 克、水 2 000 ~ 4 000 毫升、75% ~ 95%酒精 2 000 毫升、福尔马林原液 300 毫升混合起来,取澄清液作为浸制液,直接用来保存标本。

3. 黄色、黄绿色标本保存法　用亚硫酸饱和溶液 568 毫升、95%酒精 568 毫升、水 4 500 毫升混合起来取澄清液保存标本。

4. 透明标本的制作　制作透明标本的程序,可分为透明、漂白、脱水和保存等几个步骤。

(1) 透明　用 8%氢氧化钾溶液 1 000 毫升、5%氨水 1 000 毫升混合起来,取澄清液浸泡植物。浸泡的时间随植物种类和器官的不同而异.一般不太厚的叶片,浸泡 12 小时就够了;但像松球花那样厚的器官,往往要浸泡十几天才行。总之,将被处理的材料浸成半透明状时,即可取出。在浸泡期间,发现浸泡液混浊时,应另换新液。已经浸妥的标本,取出后用清水冲洗 30 分钟,以彻底洗净标本上附着的药液。

(2) 漂白　常用 3%双氧水进行漂白,一般材料经过 12 小时即可漂白成功,漂白后的材料,要再用清水冲洗干净。

(3) 脱水　用 30% ~ 95%酒精进行脱水。为了防止材料收缩,酒精的浓度由低到高,使材料逐渐脱水。在每一浓度(30%、50%、70%、90%、95%)酒精中放置约 10 小时左右。应该特别注意的是脱水要充分,否则,标本会只呈白色而不透明。

(4) 保存　保存液多用二甲苯。二甲苯除了能长期保存标本外,还有进一步使标本透明的作用。将已经脱水的标本投入装有二甲苯的标本瓶中,封好瓶口,贴好标签,就可保存备用。

(三)叶脉标本的制作

1. 材料　采集无病斑的叶子。

2. 药品　15% ~ 20%氢氧化钠水溶液,酒精,4%的氢氧化钠溶液,1 : 6 双氧水稀释液,1%的番红液(1 克番红溶于 100 毫升的 50%酒精中),红墨水、蓝墨水或其他染料,0.5%盐酸稀释液。

3. 工具　竹钳子,瓷盘,烧杯,电炉,吸水草纸,标本夹,塑料纱一块。

4. 制作方法　将各种鲜艳的叶片放在沸水中烫煮,使叶肉变软,然后放在酒精中脱色,酒精要经常更换,待叶肉脱色成白色位置。角质层或腊层厚的叶子先用 4%氢氧化钠溶液浸泡 6 小时,然后再放到酒精中脱色。脱色后的叶片放入 4%的氢氧化钠溶液中,浸泡 12 小时,至叶脉清晰时取出,用自来水洗去叶肉,再放到 1 : 6 的双氧水稀释液中漂白几小时至一昼夜,具平行叶脉的叶片漂白时间要短一些,以免发生纵裂。将漂白后的叶片放在 1%的番红液中,几分钟或 2 小时后,取出用清水洗去浮色,再放到 0.5%盐酸稀溶液中,使叶脉清晰,并用清水冲洗。平放在吸水草纸上,压干压平,取出即成叶脉标本。从叶脉标本上可以清晰地看到主脉、侧脉、细脉之间的联系,也可以看到平行脉的结构特点。

第五节　玻片标本的制作

一、　石蜡切片制作

（一）材料的准备

1. 药品　酒精，冰醋酸，福尔马林，二甲苯，氯仿，铬酸，明胶粉末，石炭酸，甘油，石蜡，中性树胶，水合氯醛，苏木精，番红，亚甲蓝，固绿，碱性品红，酸性品红，结晶紫，偏重亚硫酸钠，高碘酸，酸性亚硫酸钠，硝酸银，氨水，焦没食子酸，苦味酸，液体石蜡等。

2. 工具　旋转式切片机，恒温箱，水浴锅，烫片台，熔蜡箱，切片盒，染色缸，切片刀，磨石，载玻片，盖玻片，培养皿，小指管及指管架，烘片架，蒸馏水瓶，细口瓶若干，滴瓶，烧杯若干，漏斗及漏斗架，树胶瓶，酒精灯，量筒，电炉，三角铁架及石棉网，天平，抽气泵，干燥器，解剖刀，镊子，解剖针，剪刀，毛笔，纱布，滤纸，骨匙，标签等。

（二）切片标本的制作

石蜡切片的制作过程为：取材—洗涤—固定（抽气）—洗净—脱水—透明—浸蜡（透蜡）及包埋—切片—贴片—脱蜡（溶蜡）—染色—脱水—封固—标签。

1. 取材　要根据切片要求进行取材，要选择健康的、标准的材料。采下的标本，不要碰伤或变干，应将它放在标本箱内，或插在盛水瓶中，也可用湿的布或纸包起来带到实验室进行处理。若根的初生构造切片，要将采来的材料进行洗涤，把泥土洗干净，但洗涤时不要损伤根毛。然后把根毛区切下来放在盛有固定液的小指管中去。有的叶片较大，则取有主动脉和侧脉一段作横切。有的叶片很长，取材时应在叶片中间部分。

2. 固定及抽气　在切取新鲜的动植物组织之后，如不迅速进行适当的处理，其会收缩、干枯与变性。要把动、植物组织中的细胞很快杀死及固定，以基本上保持活体原有的状态。这种固定剂的作用有：①杀死原生质，保持或固定原来微细结构。②凝固组织中的某些部分，使材料适当的硬化，便于切片。③使增加折光力与染色力。④固定后又能具有保存材料的作用。

抽气方法可通过吸滤原理将盛有材料及固定液的小玻管放在过滤瓶中，打开自来水进行抽气。也可以将材料与固定液一并倒入 10 毫升大小的注射器中，抽几次后材料即可下沉。假如材料多，体积有略大一些，有条件的话可用真空泵抽气。抽气前固定液不要 装得太满，但也不要太少，同时不宜抽得太快，否则租子容易受损，或将材料抽出瓶子外面。在抽气时能看到材料上连续冒出一个一个的小气泡。待小气泡没有了就停止抽气，材料便沉入固定液中。

（1）苦味酸　它作为固定液，对于组织渗透缓慢，但能使组织强烈收缩。能使蛋白质、核酸沉淀，对脂类无作用。并能防止组织过度硬化，增进染色能力。用此液固定的材料不必用水洗，可用 70%酒精冲洗。

（2）铬酸　用铬酸固定材料时，不能直接暴露在阳光下，这易引起已固定的蛋白质分解。

经铬酸固定的材料易收缩，但硬化程度不增加，固定后的材料必须用水冲洗24小时，否则影响组织染色。

（3）福尔马林　材料经福尔马林固定后，可增加组织的硬化程度。经脱水后材料有显著的收缩现象。固定材料的细胞用碱性染料染色比酸性染料好。

（4）醋酸　它穿透组织能力强，能凝固核内的核蛋白。用它固定的材料，可以使细胞膨胀，防止收缩。由于它不能凝固细胞中的蛋白质，组织不会硬化，因此常和酒精、福尔马林、铬酸等引起组织变硬和收缩的液体混合使用。

（5）酒精　固定材料用的浓度以70%较好。高浓度的酒精固定材料，使组织收缩变硬。它可以凝固蛋白原，但不能沉淀核蛋白，对核的染色不容易。

在固定材料时，固定液常用70%酒精，3%～5%福尔马林，3%醋酸，升汞，锇酸等。多数情况下，是用几种固定剂以不同的比例配制成的混合固定液，常见的有下列几种：①福尔马林—醋酸—酒精（它们第一字母各为F、A、A，故叫FAA固定液）。此液用于组织固定较好，细胞学上的效果就差些。由于材料性质不同，三者间的浓度比例可以变化。如固定木材等可略减冰醋酸，略增福尔马林；如易收缩的材料，可稍增冰醋酸；用于胚胎材料的固定可以改用50%酒精89毫升，福尔马林5毫升，冰醋酸6毫升。此混合固定液既是固定剂，也是一种良好的保存剂。平时固定2～24小时，固定后的材料不必洗涤，可直接放到70%的酒精中脱水。②酒精—醋酸—氯仿固定液（卡诺氏液）。有两种配制法：纯酒精15毫升，冰醋酸5毫升；纯酒精30毫升，冰醋酸1毫升，氯仿30毫升。这两种固定液渗透力强，用于植物幼嫩部分及动物组织的固定效果良好，根尖与花只需固定30～60分钟，通常固定时间不要超过一天。③铬酸—醋酸固定液。配制方法：铬酸1克，冰醋酸1毫升，蒸馏水100毫升。此固定液用于易渗透的材料，固定时间12～24小时，并在流水中冲洗12～24小时。④铬酸—醋酸—福尔马林固定液（又称纳瓦兴氏固定液）。在植物切片上广泛的应用，是一种优良的固定液。常配制成甲、乙两液，并分别贮存，用时将两液等量混合，固定时间为12～48小时，固定后在70%酒精洗涤数次，染户脱水。固定液配量方法很多，根据材料和要求可以选择配制适当的固定液。

3. 冲洗与脱水　材料从固定液中取出后要冲洗,缉拿感固定液全部冲洗掉后才能脱水。

用冲洗液冲洗固定过的材料，必须注意固定液的性质，用铬酸—醋酸固定液固定过的材料必须在流水中冲洗，而且冲洗时间较长。用水冲洗的方法通常将固定液倒掉，材料移入指管空用1～2层纱布和橡皮圈扎牢，倒放在贮水的水槽内。这样使指管一半沉在水中，一半露在水面。自来水龙头用橡皮管直通水槽。打开自来水龙头，经流水冲洗12～24小时后，就能达到冲洗的目的。用酒精作为冲洗剂比较简单，材料从固定液取出后，可将其放在盛有适度酒精的小瓶中,通常材料与酒精比例为1：10,洗涤时间与次数可视材料大小，质地性质而定，开始几次换洗时间每次30分钟左右，以后几次可延长到1～3小时，最后用70%酒精保存过夜。脱水是制片中一个很重要的环节，在这个过程中要把组织中的水分完全除去，使组变硬，便于透明与石蜡的浸入。酒精作为最常用的脱水剂而被广泛使用着。在脱水前要把酒精配成各种浓度贮备在瓶子里，在瓶子外面贴上标签，注明酒精的浓度和配制时间，并用瓶塞塞紧。它的浓度为35%、50%、70%、80%、95%、100%，这比用纯酒精配制价格便宜。脱水时间与步骤：一般脱水可从35%的酒精开始，若用50%酒精洗涤固定过的材料，脱水可从 50% 酒精开始，在 70%、80%、95%、100% 酒精中逐级上升脱水。在 95% 和 100% 的酒精中，放置时间不能过长，因这容易使材料变脆，影响切片，如果白天不能脱水结束，可将材料放在 70% 的酒精中过夜。从 95% 酒精移入纯酒精时，瓶口上的塞子也应更换干燥的，以免有水分渗入。

4. 透明　材料在酒精中脱水后，要经过透明剂，才能浸蜡。这个环节使材料中的酒精等被透明剂所代替，使石蜡能顺利地进入材料的组织之中，以便切片。

透明剂主要有二甲苯、苯、氯仿等。二甲苯为最常见的透明剂，溶于酒精。它具有透明力强的优点，为石蜡溶剂，但不溶于水。如材料在二甲苯中停留太长，会收缩变脆变硬。通常从纯酒精移入二甲苯，要经过等量的纯酒精二甲苯，这样可以避免材料收缩变脆，以及在纯酒精中脱水不净的弊病。材料在二甲苯中不宜放置过长，切片前的材料经 1～3 小时，但要视材料的大小和性质而定。染色后的制片一般经过 5～10 分钟即可。材料到二甲苯中，可以更换 1～2 次，大的材料要多更换一次，但停留在二甲苯中的时间总的不超 3 小时。二甲苯极易挥发，瓶子与染色缸都要盖好盖子。在空气中湿度大时，染色缸盖子辨证员要涂抹少许凡士林，防止大气中水分渗入。若将材料放到二甲苯中出现白色云雾状，这说明材料脱水未净，必须将材料倒回到等量的纯酒精二甲苯液中，然后再放到纯酒精中脱水，纯酒精可以再换一次。然后再回到等量的纯酒精二甲苯溶液中去，最后到二甲苯中透明。在等量酒精二甲苯中时，用少许番红干粉末投入使材料着色，便于材料包埋在白色石蜡中，容易辨别，切片时容易掌握材料方向。用过的 70% 以上的酒精及二甲苯，各自另盛容器，不要倒掉，经回收后仍可用。

5. 浸蜡与包埋　浸蜡是使石蜡溶于透明剂中，慢慢浸入组织材料的细胞中，要以石蜡完全代替二甲苯，以便切片。

石蜡是常用的包埋剂，切片薄的用较硬的蜡，夏天气温高用熔点较高的蜡，冬天气温低用熔点较低蜡。将石蜡放于干净的容器中，加热到溶解成液体并冒白烟止，此时便减低火力，继续半小时左右，稍冷却一下，将石蜡用滤纸过滤，过滤下来的石蜡放在容器中。冬天过滤时，石蜡因温度低而在滤纸上凝结，将容器放在砂盘里，砂盘放在电炉上加热，由于砂受温度的影响，使容器周围温度升高，达到石蜡在滤纸上熔化，而不凝结，使石蜡能顺利地过滤下去。也可将石蜡熔化后倒入容器中，放在温暖处徐徐冷却，这能使石蜡中的灰尘等杂质颗粒沉下去，待石蜡表面已凝结时，便将上面的石蜡倒在另一容器中，将下面沉淀的杂质留下来，也可以再熔化过滤，贮藏在容器中，用盖子或纱布盖好，防止尘埃等落下。

浸蜡方法是用刀将熔点 50～54℃ 的石蜡切成小薄片，然后在盛有材料及透明剂的玻璃指管内放如一条纸带，把石蜡片轻轻投入，塞紧木塞，房在浸蜡箱或恒温箱中，温度保持在 35～37℃，待蜡溶解后再加，直至石蜡与透明剂各占一半为止。6 小时以后，打开木塞放到 56℃ 恒温箱中，或有自控装置的浸蜡箱中，让透明剂漫漫地蒸发，使蜡的浓度慢慢变浓。在 56℃ 的恒温箱或浸蜡箱中停留 2～4 小时，要换 1～2 次纯蜡。在换纯蜡时，先在恒温箱或浸蜡箱中放 3 个小瓷杯（编为 1、2、3 号），内盛 52～54℃ 或 54～56℃ 的纯石蜡。材料从透明剂石蜡混合液中取出后，立即投入 1 号纯石蜡的小瓷杯中，经过 1 小时后取出材料再投入 2 号纯石蜡的小瓷杯中，甚至可移到 3 号纯石蜡的小瓷杯中去，使留在组织内的透明剂全部被石蜡所代替，便可包埋。在取出材料时，注意防止所用的镊子头上石蜡遇冷而凝固，给操作带来不便。浸蜡箱的制作：用木材做成一个木箱子，长 31～33 厘米，宽 25 厘米，前面高 18 毫米左右，后面高 23 毫米左右，成一斜面，并装上玻璃，能看到里面。内装 3 只 40 瓦或 60 瓦灯泡（前面装两只，后面装一只），各由一个开关控制。箱中央横放一铅丝格网，上面可放瓷盘，内放浸蜡材料、纯石蜡等。箱上面装有温度计（如用导电表联结电子继电器，可以自动控制箱内的温度）。并用开关对 3 个电灯开与关进行调节。

石蜡浸入动物组织的方法略有不同，材料自透明剂取出后，应先放在透明剂石蜡等量的混合液中 20～30 分钟，然后放入纯石蜡中，换新鲜石蜡一次。总的石蜡透入时间 1～2 个小时，换浸纯石蜡的方法与植物材料相同，但每次的时间只要 30 分钟左右。在浸蜡的过程中温度不要太高，只要保持比石蜡熔化的温度高 2 度左右即可。温度过高或忽高忽低，都要影响材料的变化，过高的温度往往引起组织变硬、变脆和收缩，影响切片质量。

包埋过程：在烧杯中准备已熔化的纯石蜡，放在恒温箱或熔蜡箱中。准备半脸盆自来水，酒精灯，解剖针，并用铅笔在纸盒一端写上标本名称和时间，或写成小纸条放在纸盒一侧。准备好后，将熔化的石蜡连同材料一起 倒在纸盒内（此时也可先将纸盒放在烫片片台上，保持一定的温度），然后从横温箱或熔蜡箱中取出镊子与解剖针，迅速将材料按需要的切面及材料需要的间隔排列整齐。如果镊子及解剖针尖的石蜡凝固起来，就放在酒精灯上熔掉，否则影响操作。包埋的手续要迅速，包埋好了，立即用两手的拇指、食指各捏住纸盒突起来的两端，平稳地放入脸盆中的冷水里，用嘴向纸盒的熔蜡表面吹气，使其表面很快凝固。放入水中时，千万不要一下就放到水下面，这样容易使蜡及材料由于水的冲击力量而溢出，或形成一个洞。应将纸盒平稳地放在水面上，待纸盒中的石蜡表面凝固了，便可将纸盒一侧倾斜，使冷水从纸盒一侧进入，然后立即使它沉入水中，使纸盒中的石蜡迅速凝固。45 分钟左右，从水中取出纸盒晾干，拿出蜡块材料登记本，登记后把纸带（或蜡块）放在一定的地放备用，纸袋或容器都要注明材料的名称、日期等，以防混淆。

6．切片 切片前要做好准备工作。

（1）设备准备

①切片机 是一种较精密的机械装置。装动式切片机的夹物装置能上下移动，并可能前后推进。而夹刀的装置则是固定不动的，它的夹物装置后连接着控制切片厚度的微动装置，即厚度调节器。夹刀部在切片机的前面，其刀口与夹物装置上的组织块垂直。当手轮摇动一次，夹物装置的水平圆柱体也随着上下来回移动一次。向下移动经过刀口，组织块便被切去一薄片，然后向上移动，经过刀口后，就按所调节好的切片厚度，这样连续摇切，石蜡块就被切成连续的蜡带，最薄可切成 2 微米。有些切片机有冷冻装置的附件，根据需要装上附件，便可做冷冻切片。

②切片刀 要把材料切成薄片，切片刀是很重要的，通常一台切片机附有两把切片刀。除去防腐剂（用废二甲苯也可），装嵌在刀夹内（刀夹与刀要固定不要跳动），装上刀柄，进行磨刀。要将刀磨出锋口来。磨好的刀经过一段时间切片，特别是切片坚硬的材料后，容易变钝，因此要经常磨刀。

③磨刀石 用质地均匀、平滑无疵的黄石、青石以及油石。磨刀时，在磨刀时，在磨刀上滴上润滑剂—水或中性肥皂或液体石蜡等。磨过刀后的磨石放在一定的地方，并用纸将它盖起来，以防灰尘等黏上。磨刀的方法：先除去刀及磨刀及磨石上灰尘等杂物，在刀上涂润滑剂，将刀口在磨石上向前及稍向左推动，待推到磨刀石另有端时，便将刀反转，

刀口朝人身体方向由左稍向右拉回，翻转时用手腕的力。这样反复进行，使刀刃锋利为止。在磨石上磨好后，可在用皮革制的僻刀皮上僻刀。刀背向前向右方向僻，反转后让染是刀背向前稍向右拉回。在劈刀时可用水和中性肥皂，还可用石蜡，油滴在劈刀皮上作润滑剂。

（2）石蜡块固着　转动切片机附有固着石蜡块用的圆形金属小盘，但数量较少，只有 2 个。因此，还要准备大小不同的小木块，并在木块一个面浅割成方形网状的小格子。先在金属小盘上或小木块上涂上一曾熔蜡，然后将埋有材料的蜡块按切要求切成一定大小，用很薄的金属加热后放在金属小盘的蜡上，抽出金属，蜡快便牢牢粘在金属小盘的；蜡上，冷却后用解剖刀将材料四周多余的蜡切去，并用刀休整成正方形或略带长方形，上下两边要平行。左右边也要注意平行。这样在切片时就使切片的蜡带成一直线。否则，蜡带就弯曲，造成制片困难。

切片的方法：先将修整好的蜡块（黏在金属小盘上或木块上）装在切片机的夹物装置中，拧紧螺旋。然后装上切片刀，刀口朝上，使材料面与刀口平，切不可超过刀口。材料的纵轴必须与刀口垂直，否则切片不正。根据需要调整厚度调节器，通常植物切片的厚度为 8～12 微米，动物组织切片可薄一些。切片时右手握住切片机手柄，转动一圈便可切下一片，切片粘在刀口上，第二片切下来时与第一片连起来，第三片与第二片连起来，这样便形成一条蜡带。在切片时左手那着毛笔把蜡带轻轻托住，右手徐徐地转动手轮，这就能切成一条很长的蜡带。待蜡带 20～30 厘米长时，将蜡带轻轻放在衬有黑蜡光纸的盆内或木板上，较光一面朝下。切片结束后，应将切片机、切片用具擦拭干净，罩上罩子或放在切片机箱内。切片刀取下擦干净放在刀盒内。

7. 粘片、烫片及烘片

（1）粘片　用切片机切成的蜡带经显微镜或放大镜检查，符合要求的就可以用于粘片。玻片清洗时把切下来的蜡带一小段粘贴在载玻片上之前，先要清洗载玻片。新买来的载玻片与盖玻片先放在玻璃缸内，倒入 2% 的盐酸酒精（95% 酒精 100 份加盐酸 2 份），泡浸 4～6 小时，再用流水冲洗干净，取出放在 95% 酒精中备用。陈旧或不使用的切片标本，其载玻片、盖玻片经处理后仍可用。处理方法是：先放在肥皂水中煮沸 10～15 分钟后，用热水洗去残留的树胶等，再用清水冲洗后，放在清洁剂中浸 30 分钟，然后取出用自来水冲洗干净，再用蒸馏水洗净，最后放到 95% 酒精中浸几分钟；取出用干净纱布擦干备用。或用洗涤液浸泡一夜，取出用自来水冲洗，然后用蒸馏水洗一次，浸泡在 95% 的酒精中，用前取出擦干。

甘油粘贴剂制备方法：将一个鸡蛋打入小烧杯中，取出蛋黄，留下蛋白。用玻璃棒充分调打，可以看到很多泡沫。然后用粗滤纸或双层纱布过滤到量筒内。所得滤液为透明蛋白液，再加入等量的甘油，稍稍摇动使其混合，然后再加入防腐剂，可保存数月不变质。防腐剂常用麝香草酚（1：100），效果较好。

将配好的蛋白粘贴剂倒入洗净的玻璃小口瓶，并备小玻璃棒一支，瓶口用一个球形中空的玻璃罩套下。天热时，将粘贴剂放在冰箱中保存。可用数月之久。

粘贴方法：左手取干净玻片，滴上一滴粘贴剂，用右手小指在载玻片上将粘贴剂均匀地涂一层，再用吸管滴上 3% 福尔马林溶液。用解剖刀将蜡带切成许多小段，每段的长短，应视盖玻片的长度为准，一般应比盖玻片短 1/5～2/5。容纳后用镊子将小段蜡带放在福尔马林溶液上，有光亮的一面朝下，没有光亮的一面朝上。蜡带应放在载玻片中心偏左一些位置，以便在靠载玻片右边贴标签。假如载玻片上水分不足，可以加上去。

（2）烫片 将通过上面处理的载玻片平稳地拿到烫片台上。烫片台可以自己制作，由 3 个部分组成，上面只一块较厚而又平滑的金属板，方行、长方形均可以，长 31 ～ 33 厘米，宽 31 厘米，高 13 厘米；中间是一个用金属做成方行或长方形的水箱，里面可以盛水，把金属板盖在水箱上；下面支持架高 14 厘米。金属板上一侧有一个圆形的小洞，可以嵌插温度计。水箱放在一个四只脚的金属架子上。使水箱水的温度保持在 35℃ 左右，浮在水上的切片受热后，慢慢伸展。待其完全伸展后，用解剖针摆正切片在载玻片上的位置，用吸水纸吸干多余的水，或将载玻片倾斜把水倒掉，但要注意不要移动蜡带位置。

（3）烘片 待载玻片上的水赶后，便收集起来，两片两片背靠背靠地放在一个由金属制成的烘片架上，每个烘片架有十多个插片销，每一个销中可以放两片载玻片。两片贴紧的面是不粘贴切片的面。在架上应贴上标签，注明切片名称、时间等。放在 30℃ 左右的温箱中 24 小时，加速干燥后，将载玻片取出，放在切片盒中，并写好标签备用。

（4）脱蜡 粘贴在载玻片上的切片，须经烘干脱蜡，就是要把包埋材料外面及渗透到组织中的石蜡溶解掉。脱蜡剂最常用的是二甲苯与苯。将切片放在二甲苯中 10 ～ 20 分钟，待溶去石蜡后再移到等量的二甲苯纯酒精混合液中，有时也可直接经二甲苯脱蜡后放到纯酒精中去，然后经纯酒精到各级浓度的酒精，再到染色液中进行染色。

8．染色 为使组织及细胞各部分显示清楚，应采用不同的染料染不同的部分，或者使某些部分染上色而使其背景不染色，这样使组织及细胞的结构在光学显微镜下能很好地显示出来。

（1）染色剂 染色剂种类很多，有天然的也有人工的染料，有酸性的还有碱性的染料，细胞中的酸性部分被碱性染料染色，而细胞质是碱性的，易被酸性染了染色。现将常用的几种染色剂分述如下：

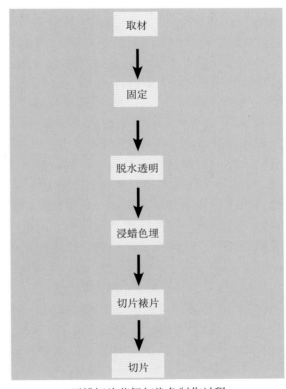

石蜡切片苏伊红染色制作过程

①苏木精 是由苏木枝干中浸提出来的一种色素，对细胞核的染色特别好。配制好后要放一段时间让它氧化成苏木精素方可用于染色。常用金属盐作媒染剂（如硫酸铝铵、铁矾等），可以增加染色效果。

②番红 碱性染料，溶于水常作为细胞核的染色剂。用 0.5% ～ 1.0% 的酒精溶液（酒精用 50% 或 70% 的浓度），对植物中木质化细胞及角质化细胞染色都较好 。

③固绿 酸性染料，在水中溶解度为 4%，而酒精中可达 9%，常配成 0.5% ～ 1.0% 酒

精溶液（用 95% 的酒精培植而成）。常与番红作对染。

④碱性品红　是细胞核的染色剂，常作组织化学染色的主要成分。

⑤酸性品红　动物学上制片染色用得较多，能溶于水，略溶于酒精。

⑥甲基绿　碱性染料，易溶于水（8%），稍溶于酒精（3%），为核的染色剂，常与酸性品红作木质部的染色。

⑦橘红 G　是衬染细胞质的染料，常与苏木精、番红、龙胆紫一起应用，此染料易溶于水（8%），不溶于纯酒精，常将染料溶于丁香油的饱和液用作染色—分色剂，在番红、固绿对染后，迅速以此染料复染，可得理想的分色效果。

（2）染色程序　动植物材料不同，染色的要求不同，因此其染色程序也不同，但脱蜡染色到封固基本上有很多共同之点，举例说明：

①番红—固绿对染法　高等植物的根、茎、叶等组织切片，常用番红—固绿二重染色。其步骤如下：烘干的石蜡切片放在二甲苯中脱蜡（天冷脱蜡慢，可将切片用酒精灯微加温后，再放到盛有二甲苯的染色缸中）5～10 分钟（由材料的厚薄与室内温度决定在二甲苯中停留多长时间）→等量二甲苯纯酒精液中 5～10 分钟→100% 酒精 5～10 分钟→95% 酒精 5～10 分钟→85% 酒精 5～10 分钟→75% 酒精 5～10 分钟→50% 酒精 5～10 分钟，然后在番红染液中染色 12～24 小时，取出放在 50% 酒精 3～5 分钟→70% 酒精 3～5 分钟→85% 酒精 3～5 分钟，再将番红染液色过的切片放在固绿染液中复染 3 分钟（或用滴管滴在栽玻片的材料上染色）。然后，将切片放在 95% 酒精中 2～3 分钟→纯酒精（Ⅰ）1 分钟→纯酒精（Ⅱ）1～3 分钟→等量纯酒精二甲苯液 5 分钟→二甲苯（Ⅰ）2～3 分钟→二甲苯（Ⅱ）3～5 分钟，取出后立即滴上一滴国产中性树胶。树胶不要太多，太多易溢出盖玻片外面，如溢出，可用纱布蘸少量二甲苯擦掉，或在干后用刀刮去。树胶太少了也不好，应马上在一侧加树胶。用镊子钳住盖玻片（要选择大小适合的盖玻片）一侧，轻轻地放下，尽量不使气泡产生。并在右边贴上标签，注明切片名称、切片方向、染色、制作日期，然后放在切片木盒里。切片一定要放平，否则树胶会流动而使切片材料移位。将切片盒纵的竖起来放，切片便成平放状态。待干燥后可以把切片盒平放。做好的切片放在干燥通风的地方，贮藏在切片柜内。使用时切记让切片暴晒在阳光下，因这样易使切片颜色褪掉。

番红—固绿染色结果：细胞核红色，细胞质绿色，木质化细胞壁红色，纤维素细胞壁绿色。

②铁矾苏木精染色法　切片脱蜡后经各级酒精下降到蒸馏水中→4% 铁矾中媒染 20～30 分钟→流水中洗涤 15 分钟→0.5% 苏木精染液中染色 2～5 小时→水中洗去多余的染料→2% 铁矾或苦味酸中分色（以其颜色分化为灰色为止）→流水中充分洗涤 1 小时左右→50% 酒精→70% 酒精→80% 酒精（以上各级酒精中 5～10 分钟）→95% 酒精 3～5 分钟→纯酒精（Ⅰ）0.5～2 分钟→纯酒精（Ⅱ）1～3 分钟→等量纯酒精二甲苯液 3～5 分钟→二甲苯（Ⅰ）2～3 分钟→二甲苯（Ⅱ）3～5 分钟→用中性树胶封固。现在改进的方法较简便，效果良好。切片在蒸馏水中洗净后，不经过 4% 铁矾的媒染剂，直接投入非常稀的苏木精染液中（在染色缸中盛满蒸馏水，然后滴上 0.5% 苏木精染液 3～5 滴）。将切片在此稀液中浸 12～24 小时，然后用蒸馏水洗，并很快经过一次 2% 的铁矾分色，再用流水洗净，经各级酒精脱水．在脱水至 50% 酒精时用 1% 的番红染液衬染 2～24 小时，到纯酒精（Ⅱ）时再用丁香—橘红 G 分色 1～3 小时即好了。

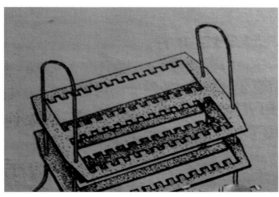

植物切片晾干架

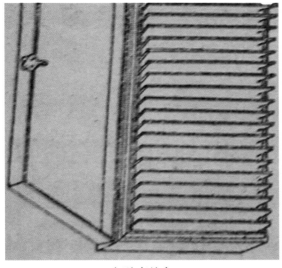

切片存放盒

③ 番红—结晶紫—橘红 G 三重染色法　切片脱蜡后经各级酒精至 70% 酒精（各级酒精时间 5 ~ 10 分钟）→1% 番红溶液（用 70% 酒精配制）染色 12 ~ 24 小时→50% 酒精 5 分钟→30% 酒精 5 分钟→水洗干净→1% 结晶紫水溶液中 15 ~ 60 分钟→水洗后用吸水纸吸去水分→30% 酒精→50% 酒精→70% 酒精→85% 酒精（以上各级酒精各 5 ~ 10 分钟）→95% 酒精 3 ~ 5 分钟→纯酒精（Ⅰ）2 ~ 3 分钟→纯酒精（Ⅱ）2 ~ 3 分钟→橘红 G 溶液（丁香油饱和液）滴染 1 ~ 5 秒钟→等量纯酒精二甲苯液 3 ~ 5 分钟→二甲苯（Ⅰ）2 ~ 3 分钟→二甲苯（Ⅱ）2 ~ 3 分钟→封固。

通过三重染色，染色体被染成红色，前期核的染色质被染成紫色，核仁淡红色，质体与纺锤丝紫色，细胞质淡黄灰色。

9. 封固　封固是永久制片的一个最后环节，使材料长期保存不坏。同时要求封固剂有一定的折光率，使材料封固后能在显微镜下清晰显示出来。封固剂有下列几种：

（1）中性树胶　是一种天然树胶，经提炼中和后溶解在二甲苯中成 60% 浓度，折光率与玻璃相似，干燥后透明无色，能长期保持材料的颜色，可以直接用于封固，效果良好。

（2）盖玻片　用盖玻片封固，是将石蜡切片制成永久制片的最后一个步骤。要根据切片的要求及材料大小，选择不同规格的盖玻片。新买来的盖玻片也要清洗，经清洗后的盖玻片放在有盖的玻璃器皿中，平时要防止尘埃散落，用时将盖打开，取出盖玻片后立即盖好盖子。

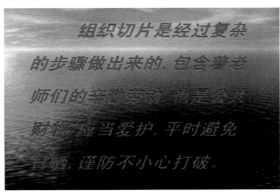

封固操作步骤如下：①用镊子从二甲苯中取出片子，平放在载玻片偏中心一侧，并用吸水纸吸去载玻片的余液。②左手开启树胶瓶，右手用瓶中玻璃棒蘸取树胶滴在载玻片的材料上，并随时盖好瓶盖。滴树胶的量，应视盖玻片的大小而定，使树胶在盖玻片下布满，不要使它过多或不足。③用镊子取出洁净的盖玻片，以一边放在载玻片上滴树胶的位置，然后徐徐放下，

使树胶布满于盖玻片和载玻片之间，切忌在此之间产生气泡。一般产生气泡的原因是覆盖盖玻片大块和树胶量不足，或树胶过稠。如有气泡产生，则可以在靠近气泡的一边再补滴树胶一滴，然后轻轻地压盖玻片，使气泡逸出。

花果标本欣赏

独占春兰花标本

佛手柑标本

泡叶冷水花标本

香橼果标本

二、玻片标本的其他制法

（一）水绵玻片标本制作

1.药品 酒精，二甲苯，中性树胶，固定液（50%或70%酒精90毫升，醋酸5毫升，福尔马林5毫升混成），固绿液（固绿粉末1克，95%酒精100毫升配成）。

2.工具 镊子，载玻片，标本瓶，解剖针。

3.标本制作 水绵手触滑腻，生长在淡水中，流水的田沟和池塘中能找到。将采集到的水绵放在标本瓶中，带回实验室。取出一部分水绵放在固定液中20～30分钟→50%酒精5分钟→70%酒精5分钟→80%酒精5分钟→95%酒精5分钟→0.5%固绿液中染色5～10分钟→纯酒精2分钟→等量纯酒精二甲苯液2分钟→二甲苯2～3分钟→中性树胶封固。在载玻片右边贴上标签，注

明名称、制作时间，放在切片盒中，让其自然干燥。水绵接合生殖的材料要在2、3月采集，能看到两条靠近的水绵丝状体，长出结合管，一个细胞中的原生质通过结合管流入另一个细胞中去。

（二）马铃薯玻片标本制作

1.药品 碘化钾—碘液，间苯三酚，盐酸，硫酸，甘油。
2.工具 单、双面刀或剃刀，镊子，吸管，培养皿，盖玻片，载玻片。
3.标本制作

（1）**徒手切片** 将实验马铃薯采集来后水洗干净。在切片时，用左手的拇指、食指和中指夹住马铃薯茎，但夹马铃薯时切勿过紧，也不要过松；右手用拇指与食指钳夹双面刀或单面刀。切片时刀片与材料切口基本上保持平行，刀片从左前方向右后方切。切片时刀口常用水湿润一下，以免切口干燥变形，同时也利于切片。每切一片马铃薯，要连续切几片，切片尽量切得薄一些，切好的马铃薯放在盛有清水的培养皿中，观察时，从切片中挑取最薄的片子。用马铃薯切成长条小块，然后将小块切成两半作支持物，将材料放入切口后，将两半合起来再切，切好的片子剔除支持物后放在盛水的培养皿中。切片用的刀一定要锋利，因

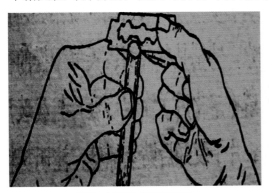

植物玻片标本手工切法

此要经常磨，用好后将水擦干，以防生锈，长久不用时涂上凡士林防锈。

（2）临时装片 装片前应将盖玻片、载玻片用纱布擦干净。盖玻片很薄易破，要特别小心，擦时左手用拇指和食指夹住盖玻片的两边或两角，右手用干净的纱布放在盖玻片的上下两个面，并用右手拇指与食指放在盖玻片的上下两个面，钳住纱布，用力均匀地擦。装片时，先在近载玻片的中央滴上一滴清水，将观察材料，用镊子钳住放在水滴上，然后用镊子钳住盖玻片的一侧或用拇指和食指拿着盖玻片的两角，沿水滴的边缘

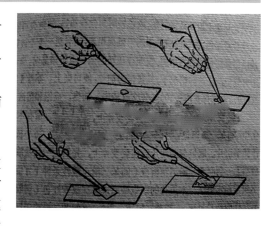

将盖玻片一边先放下，然后整个盖玻片轻轻地向下放，尽量减少气泡的产生，以免影响观察。水应充满整个盖玻片下面的面积，假如水太少，可用吸管在盖玻片的一侧将水加进去，另一侧用吸水纸，将水吸过去，使盖玻片下都有水。假如水分太多，材料易浮动，影响观察，可用吸水纸在盖玻片的一侧吸去多余的水分。使盖玻片下的马铃薯全浸在水中又紧贴于盖玻片之下，而不被水所浮动。做好临时装片后，片子仍要保持干净。盖玻片下的水分容易蒸发，长时间观察必须从盖玻片一侧不断地用吸管加水，特别是气温高、天气干燥的季节尤其要注意加水，或用石蜡熔化后涂在盖玻片与载玻片接触的四周，防止水分蒸发。片子装好后贴上标签，注明材料名称、制作时间等，即可在显微镜下观察。

4. 标本观察

（1）淀粉粒 细胞中淀粉粒呈颗粒状存在于细胞质中，把马铃薯茎切成薄片，或用刀片在马铃薯块茎的切面上轻轻地刮几下，放在载玻片上滴上一滴碘化钾—碘液，此液 不宜过浓，最好再冲淡几倍至 10 倍。几分钟后，便可观察到有单粒和半复粒淀粉，复粒淀粉甚少。淀粉被染成淡蓝色，并能清楚地看到淀粉中心与昼夜沉积的轮纹。

（2）蛋白质 将马铃薯作徒手切片后，放在载玻片上，滴上一滴浓硝酸，含有酪氨酸的复合蛋白质变成鲜黄色，吸去部分硝酸而加入氨水，颜色由黄色急剧转变成棕黄色。或将切片放在碘—碘化钾的溶液中，含有蛋白质的细胞即呈现黄色。用黄豆种子徒手切片，切好片子放在水中以除去液泡中所含的其他物质，然后滴上一滴碘—碘化钾溶液，蛋白质与淀粉同时染上色，但蛋白质部分被染成黄色，淀粉则被染成蓝色。

蚕豆叶细胞玻片标本

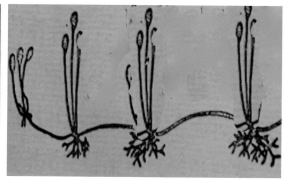

黑根霉玻片标本

第二章　鸟类标本的制作

第一节　鸟、雀剥皮标本的制作

一、材料准备

1．药品　5%、10%福尔马林，石膏粉。

鸟类剥制标本防腐剂：亚砷酸（限量）25克，樟脑（适量），肥皂25克，水200毫升。配置方法：先将肥皂切成薄片，放入烧杯内，加水并加热，使肥皂迅速溶化，再加亚砷酸（注意自身防护操作要规则）和樟脑，并用玻棒不断地搅拌，以免发生沉淀。

2．工具　解剖盘，量筒，剪刀，解剖刀，镊子，针，线，老虎钳，铅丝，挫刀，棉花（或稻草、竹丝等），标签纸，天平，钢卷尺，圆规，假眼，烧杯，电炉，泥，毛笔，肥皂水，梳子等。

鹧　鸪

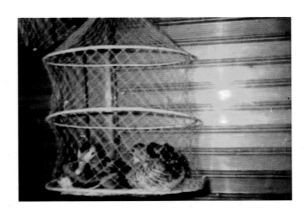

一对鸳鸯

红隼鸟

雀鹰标本

夜　鹰

鸟 类 欣 赏

笼养观赏小雀

笼养文鸟、鹦鹉

玄凤鹦鹉齐声共鸣

五彩虎皮鹦鹉

鹩哥鸣叫姿态活标本

白金刚鹦鹉

白金刚鹦鹉嘴含羽毛

笼养虎皮鹦鹉和牡丹鹦鹉

玄风鹦鹉和文鸟

虎皮鹦鹉、文鸟

群养八哥

笼群养牡丹鹦鹉、文鸟

牡丹鹦鹉　　　　　　　　　　　　松鸦鸟

玄凤鹦鹉　　　　　　　　　　　雄性红头七彩文鸟

二、鸟、雀标本制作

　　活鸟、雀剥制标本分为以下步骤。

　　1. 剥制前的处理　　包括标本处死或清洁羽毛，测量和记录。活鸟、雀处死的方法，用捏胸和掩住鼻孔闷死法。须待鸟、雀体完全冷却后方能剥制，否则，鸟、雀体内血液未凝固，一旦解剖，血液就回外流，污染羽毛，有损于标本。用枪猎的鸟、雀类标本，羽毛上部往往沾有血渍，可用湿棉花拭去，然后在湿羽毛敷上石膏粉，吸收羽毛上的水分。由于羽毛是鉴定标本的重要依据，因此要妥善地加以保护。在剥制前要进行鸟、雀体的测量，如体重、体长、尾长、翼长等。将测量的结果填在记录卡上，作为标本的鉴定依据。体重与体长在剥制后无法补量，必须在剥制前测量好。

鸟测量　　　　　　　　　　　　　　　　鸟测量

2.**剥皮**　初次剥制时，往往有撕裂皮肤、羽毛脱落的现象，但只要细心钻研，努力按以下顺序和方法，是不难剥制的。剖胸：剥制有胸开法和腹开法两种。现介绍胸开法剥制胸皮。把鸟、雀体仰放在桌上，从胸部正中把羽毛左右分开，露出皮肤，用解剖刀沿着鸟、雀胸的中央切开，以见肉为度，切口自咽下至前腹止。在切口初的羽毛和上皮撒些石膏粉，以防羽毛沾粘，然后把胸皮向左右剥开，及至肋部。

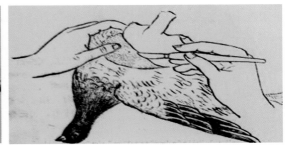

剪断鸟脊椎骨　　　　　　　　　　　　用刀剥离鸟颈胸部

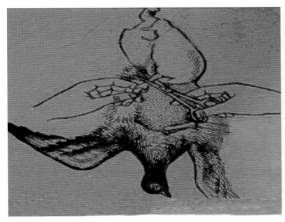
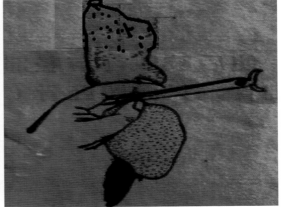

剪断鸟腿骨　　　　　　　　　　　　鸟尾部剥皮

3.**扎嘴**　自两鼻孔间穿一线，把嘴扎牢。线头留得长些，以后需用这条长线把头部拉出。

4.**剪颈**　尽量曲颈，使颈凸出于剖开的皮外，用剪刀把颈部剪断，这样头颈和身体就分开了。

5.**剥翼**　将鸟、雀肩的皮向下剥离，直至两翼的基部，将上臂连骨带肉剪短后，推出来，把皮剥到尺骨的近端时，用拇指指甲紧靠尺骨，刮离附于尺骨上的羽根，然后将肌肉和蛸骨剪去，保留尺骨。

6. 剥后肢　继续剥离体侧的皮肤，使后肢股部与阱部露出，将附在阱部远端的肌腱剪断，剔除腓骨，只保留胫骨。

7. 剥背腰部　继续剥背部和腰部皮肤，剥腰部的皮肤时，要特别仔细，尤其是鸽形目的鸟、雀类，腰部的皮肤极容易剥破。

8. 剥尾部　剥到尾部时，在泄殖孔和尾脂腺附近要特别谨慎。最好在尾部，将尾综骨剪短，小心地去除附着的肌肉。再剪去尾脂腺。

9. 剥头部　清除颈部皮肤的结缔组织，翻出颈，直到头后部也剥出来。剥到耳孔时，容易撕裂，剪刀头朝头骨方向剪，就可以避免剪破耳孔。剥至眼睛周围时，用解剖刀仔细地割开，此时最好要小心，不要伤及外皮，直到剥至嘴基部为止，将眼球挖出。剪去后脑壳，弃去脑、肌肉和舌，保留橡、前脑壳、眼眶骨。

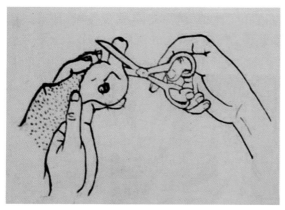 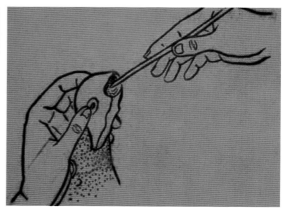

从鸟头的环枕关节处剪断　　　　　　　　从鸟头的枕骨大孔内掏出脑浆残液

10. 涂防腐剂　把皮下脂肪去干净后，在皮肤和骨的部分用毛笔涂上一层制作鸟、雀类标本的防腐剂。注意：亚硝酸很毒，用时必须小心，勿让药物侵入伤口或误入口内，涂药后须将手洗净。

11. 装义眼　将买来的玻璃义眼，其后面连着铅丝穿入眼眶内，使半圆形的义眼嵌入眼窝，以代替眼球。如无义眼，用棉花球填入眼眶。

12. 翼部复原　在翼部的尺骨上卷上棉花条，使保持原形。拉住鼻孔间这条线把头部引出。

13. 制作假体　一种是卧态标本，用一条铅丝，卷上棉花，一端削尖穿入头骨顶端，另一端达到尾综骨。这一条代替中轴骨的位置。另一种是姿态标本，通常用两条铅丝综合，其中一条卷上棉花，穿入头骨顶端，另一条穿入后肢，并在腿部、胫部卷上棉花。

14. 填棉花　把支架装好后，填适量棉花，注意两翼尺骨，要放在体内近中央的棉花上，再另加棉花塞住，勿使骨随翼脱出，保持两翼紧贴体侧。填装棉花是剥制标本的重要一环，不但要剥制技术熟练，并且还要熟悉鸟、雀在野外的生态，这样做好的标本，才能显得栩栩如生。

15. 缝合　棉花填好后，把腹面切开的皮拉拢，检查一遍，当填棉适量，鸟、雀体大小合适时，就可引线穿针缝合。逢的针口不能离切口太近，以免拉破皮肤。如是姿态标本，就可把标本固定在展板上。

　　16. 整形　将羽毛整理好，姿态标本应尽量模仿自然状态。

将鸟标本装架翅膀和尾部整形　　　　　　　　　鹌鹑标本

鸟类标本图示

鸟雀剥制干式标本

鸳鸯剥制干式标本　　　　　　　　　孔雀开屏剥制标本

红腹锦鸡标本

长尾蓝雀干制标本

丹顶鹤展翅姿态剥制标本

老鹰展翅木雕标本

群鸟立枝干制标本

短耳鸮标本

鸟立枝自然姿态干标本

草鸟立枝干制陈列标本

灰鹤干制标本

企鹅干制标本

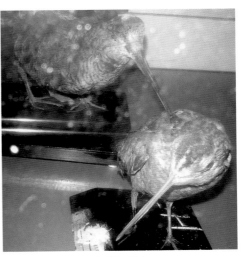

长嘴鸟标本

孔雀展翅干式标本

雌孔雀标本用于教学

雌孔雀干式标本用于教学

鸟立枝标本

鸟立枝自然姿态干标本

八哥立枝姿态干制标本

小鸟立枝姿态干制标本

家燕、白头翁标本

小鸟立枝干制标本

小鸟守巢立枝干标本

鸟雀立枝姿态干制标本

鸭、企鹅、灰鹅标本

鸟、鹰立枝姿态干标本

雌孔雀标本翅姿造形

群鸭自然立姿标本

灰鹤、金鸡干制标本

雌孔雀标本制好后装架整姿

雌孔雀干式标本用于教学

大麻鸦、企鹅立姿标本

金雕展翅干制标本

第二节 鸽子剥皮标本的制作

一、材料的准备与处理

1. 药品 三氧化二砷粉末（剧毒，有防腐功能）、明矾（具有防腐、硝皮作用）、樟脑粉（具有防虫防蛀作用）、硼酸（有防腐作用）、石炭酸（有消毒防腐作用，可防止残留肌肉变质）等。

2. 防腐腌皮粉的配制

（1）三氧化二砷防腐粉 三氧化二砷、明矾、樟脑按 2：7：1 研成粉末，混匀即可。

（2）硼酸防腐粉 硼酸粉、明矾粉、樟脑粉按 5：3：2 混匀即可。

3. 工具和材料

（1）工具 解剖刀、镊子、剪刀、骨剪、钢丝钳、台钳、锤头、电钻、钢锯等。

（2）材料 石膏粉（或滑石粉）、铅丝、棉花、竹丝、麻刀、棕、假眼义眼、针线、标本台、树枝、标签等。

4.鸽子的处死

（1）鸽子胸部压迫法　使其无法呼吸，心跳而死亡。

（2）空气针法　从鸽子翼部内侧肱静脉中注入少量空气，阻断血液循环，使其死亡。

二、鸽子标本的初制

1.将鸽子置于桌上，胸部向上，头部向左。分开胸部的羽毛，露出裸毛区，由胸龙骨前部的凹陷处开口，沿皮肤直剖至胸龙骨中央。开口长度应比鸽子的胸宽稍大。初学者开口可适当加大一些，但不宜过大，过大在后期缝合整形时不好处理。开口的前端应露出颈部，然后用解剖刀沿鸽子胸部的皮肤和肌肉之间剥离，直剥至胸部两侧的腋下。在剥皮的过程中要经常撒一些石膏粉在皮肤内侧和肌肉上，以防止羽毛被血液和脂肪沾污。向前，用解剖刀将鸽子的嗉囊与皮肤分开，并露出颈部。用手握住鸽子的头部，使鸽子的颈部向腹面弯曲，再用剪刀在靠近胸部处将鸽子的颈部及食管、气管一起剪断。这时应注意：要把颈部与皮肤完全分开后再剪，勿将颈部皮肤剪破。若有血污要及时撒上石膏粉，不要使血污污染皮肤。最好不要把嗉囊弄破破，如不小心将嗉囊弄破时，就要及时将鸽子体拿起，将嗉囊中的食物剥出，勿使食物污染羽毛。

2.在肩关节处将肱骨与鸽子体分离。向背部剥离，直至腰部。在剥腰部时要背腹面同时进行，当两腿显露时，要将皮肤一直剥至跗跖骨之间的关节处，去掉胫骨上的肌肉，并在胫骨上端关节处剪开，使胫骨与鸽子体分离。

3.向尾部剥离时，剥至泄殖孔时要用刀把直肠基部剪断；剥至尾部时要将尾脂与皮肤完全分离，并用剪刀在尾综骨末端剪断。剪断后内侧皮肤呈"V"字形，注意不要把尾羽的羽轴根剪断，部头以防止尾羽脱落。这时躯体肌肉与皮肤已完全分离。

4.随后进行翼部皮肤的剥离，先将肱骨拉出剥至尺骨。因翼部飞羽轴根牢固的生在尺骨上，用手指紧贴羽轴根将翼部皮肤与尺骨完全分离，一直剥至腕骨，然后将尺骨桡骨上的肌肉清除干净。在做展翅标本时，就不能用上述方法剥离两翅。因为把尺骨上的羽根与尺骨分离后，在展翅时，飞羽失去支撑就会下垂，无法使飞羽张开。因此，在做展翅标本时，要在尺骨内侧切开皮肤，将尺骨、桡骨上附着的肌肉去除后，再沿皮肤切口缝合。

5.最后进行头部的剥离。先拉颈部使颈部的皮肤向头部翻过，逐渐剥离露出枕骨。这时在枕骨两侧会出现呈灰褐色的耳道，用解剖刀紧靠耳道基部将其割断，或用尖头镊子沿耳道基部将其拉出。再向前剥去，两侧会出现暗黑部分，这就是鸽子的眼球，用解剖刀把眼睑边缘薄膜割开，用镊子将眼球取出（注意不要割破眼球和眼睑），同时观察虹膜颜色以备安装义眼时按此着色。在枕孔周围，用剪刀将枕孔扩大，并剪下颈部。同时沿下颌骨两内侧剪开肌肉，拉出鸽子舌，将头部肌肉剔除干净。用镊子从扩大的枕孔中伸进颅腔，夹住脑膜把脑取出。这样，整个剥离过程就完成了。

6.有些鸽子头大颈细，头部骨骼无法从颈部皮肤中翻出时，可先剪除颈项，然后从外部沿枕部剖开一小口（大小视鸽子头大小而定）将头骨从小口中翻出，挖出耳道、去除眼球肌肉等。做完除腐处理，安装义眼后，再将小口缝合即可。鸽子体剥好后应再检查一遍，将附在皮肤上的肌肉、脂肪等清除干净，刷去剥制过程中撒在皮肤上的石膏粉。

7. 鸽子类躯体经剥皮后，其皮肤内侧必须马上进行防腐处理。在防腐处理过程中，逐渐将把有羽毛的一侧翻回到体表，恢复原形。防腐及复原步骤如下：

（1）在眼窝、脑颅腔、下颌部分涂上三氧化二砷防腐膏，用两团如同眼球一样大小的棉球填入眼眶，并在适当的位置上装好义眼，再在颈部皮肤内侧用毛笔刷上防腐膏，逐步把头部翻转过来（注意不要强拉，以免颈项部羽毛脱落）。

（2）在两脚胫骨上涂上防腐膏，并在胫骨上缠上棉花，上大下小。和原来小腿上的肌肉一样；同时在小腿内侧、尾部、两翅内侧等部位全部涂遍防腐膏后，即可将其皮肤完全翻回原样。

从灰鸽腹下切口处剥离皮肤

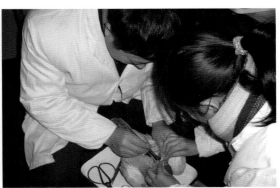
从灰鸽腹下切开12厘米长切口

取出鸽皮下残肉

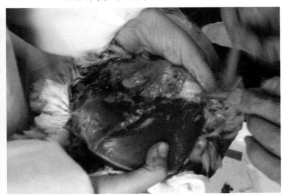
将鸽胸肌内翻后刮净皮肌

小心剔除鸽腰背上的残肉

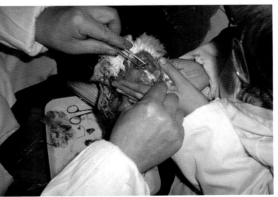
用干纱布擦试血迹剔去臂肌

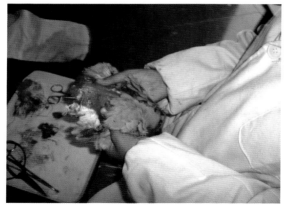

用手术刀剥去鸽腹尾部被皮脂肪

用棉花拭擦切口血液

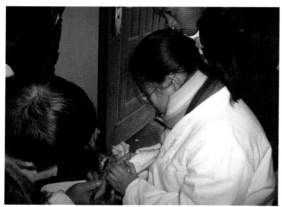

用手术刀刮去皮下脂肪

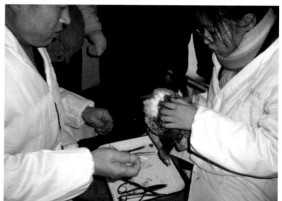

鸽前肢臂骨外翻分离翅皮

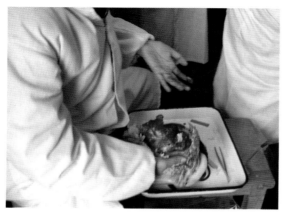

从腹下将胸肌上的皮肤剥去

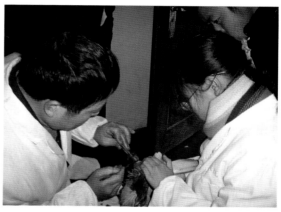

将颈胸部鸟皮剥离

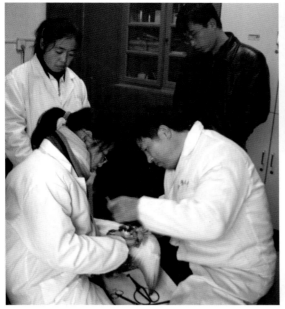

将鸽头皮剥离掏出脑浆

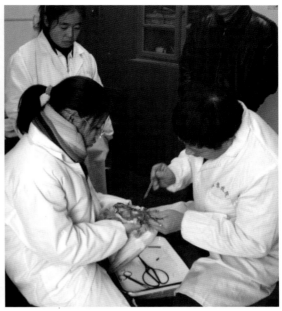

小心剥离鸽面皮

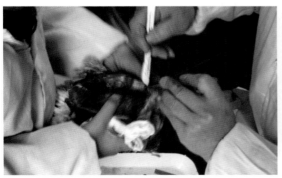

用手术刀剥离颈胸部鸽皮

用棉花将鸽腔的残液吸出

将鸽头骨上残肉剔除

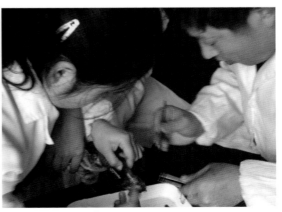

小心剥离鸽头颈被皮上残肉

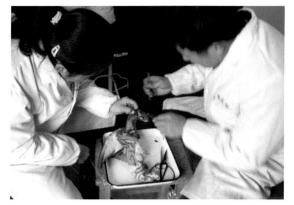

将灰鸽头颈部皮下脂肪小心剔净

将灰鸽头骨上颈椎剥去

用手术刀刮取鸽头上残肉

从切口内取出灰鸽腔的残液

分离鸽颅腔内外异物

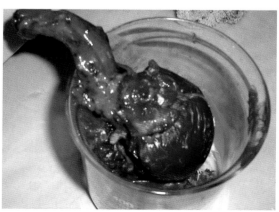

把鸽肉放入污物玻璃杯里贮存

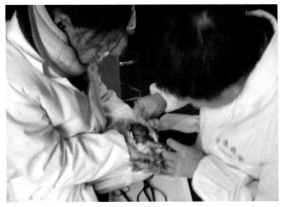

用手术刀内翻剥去胸颈部皮肤

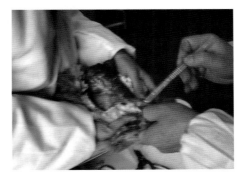

用手术刀剥去颈椎外围的皮肤

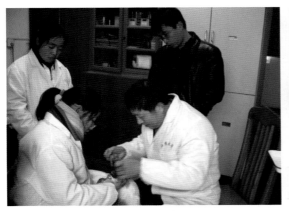

剔除鸽头上的残肉

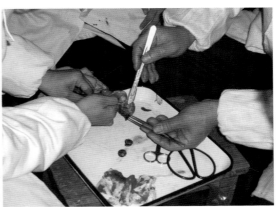

用手术刀取出鸽头上眼睛

三、鸽子标本的填充

1. 鸽子支架制作及安装　填充前，应先在鸽子体内安装支架以便支撑鸽子体。支架用铅丝制作，铅丝的粗细视鸽子体大小而定。取两段铅丝，一段为鸽子喙到趾端长度的 1.3 倍，另一段较前者长 3～6 厘米，绞合、弯制成支架将头部（4）、两翅膀（5、6）、两脚趾（1、3）都固定胸腹部（7）。绞合时 1、3 要对齐，头颅腔固定铁丝支架 4 到绞合处的长短以鸽子喙到鸽子原龙骨前端长为准。支架制成后将五个端点(头、两翅根、两腿铝丝端点处)缠上棉花，粗细比原有空腔略 0 小。将 1、3 两端分别从两脚胫骨与跗跖骨关节间的后侧，向脚跟方向插入，由脚掌部穿出，同时将 2 端插入尾部，由尾部腹面中央穿出，以支撑尾羽。尽量将 1、2、3 端铅丝向后移，使 4 端穿入颈部，由脑颅腔插入鸽子上喙尖部，并使 4 端向鸽子腹部弯曲一点，这样鸽子头部就不会摇动。最后调整铅丝支架的位置，使鸽子体符合原剥制前的长度，铅丝绞合的中心点位于原鸽子体龙骨前端位置。市场上出售的义眼大部分是透明玻璃的，中间只有一个大小不等的瞳孔，这时我们就要根据鸽子的虹膜颜色，在义眼背面用油画色涂上相应颜色，然后再熔一点石蜡将颜色盖上。

鸽铅丝串制线（白线）

鸽切口缝合线（红线）

0.标本底板台架　1.右脚　2.尾部　3.左脚　4.头部

5.右翅膀　6.左翅膀　7.胸腹部切口　8.右翅内切口　9.左翅内切口

准备铁丝支架装入鸽前、后肢肉　　　　　将Y型铁丝插入鸽尾根皮内固定

 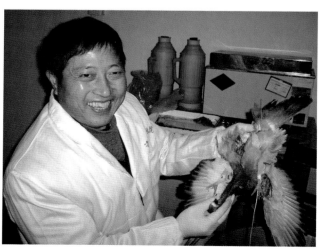

将两翅、脚肢上铁丝与主支架固定　　　　鸽两翅及尾羽蓬松均匀固定

将铁支架顶端插鸽前肢翅皮内固定

将主支架顶端插鸽颈头内固定整形

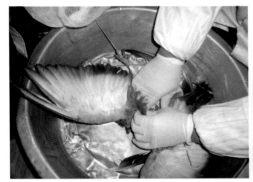

在鸽两后脚和全身皮下用腌皮防腐粉反复涂撒

在鸽头皮下用腌皮防腐粉反复擦涂

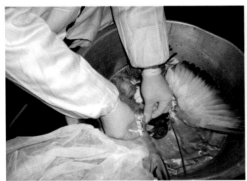

用腌皮防腐粉擦涂鸽翅皮下

用腌皮防腐粉擦涂胸腹尾部皮下

在鸽头口腔内皮下用油灰泥填满

在鸽翅后脚尾根皮下用油灰泥填充

在鸽头颅腔内用油灰泥填满

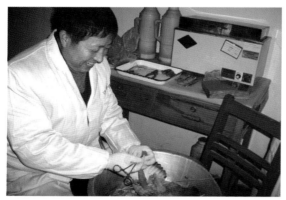

在鸽头眼眶内皮下用油灰泥填满并装玻璃义眼

在鸽两翅根皮下切开前臂间隙取出残留脂、肉

鸽标本制好后装架整形

鸽标本双翅飞翔姿态干制保存

鸽子干制标本

家鸽干标本飞翔姿态整形保存

装台架展翅造型

斑鸽干制标本

2. 鸽子类标本的填充 将已安装好支架的鸽子皮仰放于桌上，首先在支架下面填充棉花或竹丝等，顺次为尾、腰、背。在背部填充时一定要保持填充物的平整，填充厚度为胸高的1/3左右，这样才能使制成的鸽子体标本不致背部凹凸不平和有铅丝支架的痕迹。填充背部时还要注意靠近颈部的填充，填少会出现凹陷，填多会凸起，都会影响标本的美观。在颈部要用一长条棉花，用镊子直送到鸽子的下颌处，其一使鸽子的颈项呈椭圆形，其二是用来补充下颌处舌和肌肉的空缺，颈的两侧也要适当充填一些填充物，以代替气管等。填好背部及颈项后，将鸽子的肱骨拉出，放于支架上方，肱骨近似和支架中轴平行，放好后可将鸽子体翻转过来，观察一下双翅位置是否合适，及背部填充是否平坦等。然后将鸽子体腹面向上放好，在肱骨上方压上重物，不使翅移动，并将鸽子双腿稍稍向上翘起，再根据鸽子活体时情形继续填充腹部与尾部。填充时要比原鸽子活体时多填一些，以备鸽子皮肤干燥后收缩。同时，要注意在鸽子小腿两侧要填一些填充物，以使鸽子体两侧丰满。填充的总体原则是要使标本符合原来鸽子的生态，所以在做鸽子标本前最好要多观察，对鸽子的各部分位置，如颈长、身长、翼长、翅尾之间长度等要先量好，并做记录，以做参考。填充后要将鸽子体的开口缝合，填充工作就完成了。

鸟 类 欣 赏

仓鹰展翅飞翔姿态

燕斑哥立枝姿态

鹫鹰站枝夜歇姿态

丹顶鹤欢舞迎春

雕鸮卧笼姿态

绣眼雀立枝姿态

画　眉

喜　鹊

麻　雀

一对锦华雀立枝姿态

灰　鸽

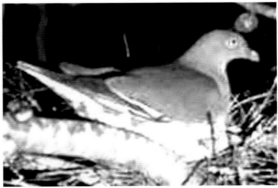

灰鸽住巢孵卵

第三节　禽类剥皮标本的制作

一、　制作前准备

（一）器具准备

1. 工具

（1）解剖刀　用来剥禽皮和剥肌肉。

（2）解剖剪　用来剪断肌肉和软组织。

（3）断骨剪　用来切断粗大或坚硬的骨骼。

（4）镊子　用来夹取剥制时所需要的东西。镊子种类很多，形状有曲、直的不同。

（5）钳子　预备两种，一种是尖头的，用来折转铁丝；另一种是老虎钳，用来折转或切断铁丝。

（6）填充器　用来拨弄标本体内的填充物。

（7）除脑器　是像一根大的耳挖一样的工具，用来挖掉脑髓。

2. 药品

（1）明矾末　可在中药店买到，或自行研成细末，用来涂在禽皮里面，可防止羽毛脱落。

（2）樟脑　是预防虫蛀标本的特效药品，保存标本时必须使用。

（3）防腐剂　是剥制标本较适用的防腐剂。在配制时，先把肥皂切成小片，加水煮成糊状，然后加加入杀虫子粉，搅拌均匀，最后加入樟脑末搅匀。此药

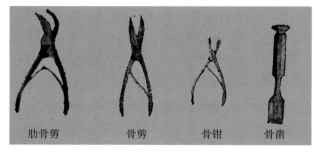

| 肋骨剪 | 骨剪 | 骨钳 | 骨凿 |

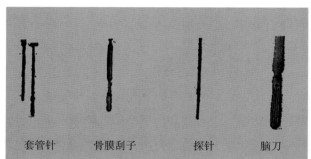

| 套管针 | 骨膜刮子 | 探针 | 脑刀 |

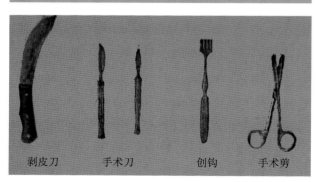

| 剥皮刀 | 手术刀 | 创钩 | 手术剪 |

标本搜集与分离常用器械

毒性很大，用时必须小心，勿让药品浸入伤口或口中，涂药后必须将手洗净。此外，也可以用肥皂、石灰粉、明矾末等混合制成防腐剂，使用时没有什么危害。

（4）汽油　在剥制时，万一把羽毛弄脏了，可用来洗净。

（5）松节油　用来涂身上没有羽毛的地方，如嘴部、脚部、冠部、，它可以防止腐烂、脱落，并可保持原来部分的鲜艳色彩。

3．其他用品

（1）铅丝　要准备粗细不同的几种铅丝，用来做禽的骨假，支持禽的身体，能使禽的姿态仿似生的。

（2）棉花　用来填充禽体内部。

（3）石膏粉　剥制时，如禽身上那一部分出血或羽毛湿润，用来吸收。

（4）义眼（玻璃眼）　用来做禽体的义眼。买不到可自制，制法是：在电灯泡碎片中选出成弧形的部分，用镊子修成略圆，然后用墨和白糖研成墨汁，在凹面的中央画出瞳孔，再在瞳孔周围用相应的颜色画上色彩，使和原禽的眼球色彩一样。

（5）其他　如针、线、大头针、纸片。

（二）动物准备

1．材料　以新鲜或死后不久的禽为最好，如标本的批呈现青黑色，则表示已经腐烂，不能剥制标本。

2．材料的处死　禽类动物的致死前要观察注意雌雄禽习性和行为表现，可作为制作标本姿势形态的参考资料。在宰杀中要注意勿使血液污染羽毛和损伤羽毛，宜用口内宰杀法，并待禽类动物死后保定者方可松开，或用双手压住活禽的左右胸部，不一会就可使禽死亡。禽死后，要用棉花塞住它的嘴和肛门，如有污物或血液沾污，要用棉花沾少量水，细心地将污物拭擦干净，然后撒些石膏粉在拭过羽毛上，以吸去水分，使羽毛干燥。在禽类动物剥皮之前，用棉花球将泄殖腔和口腔堵塞，以免污物染污羽毛。

3．禽体的测量　先量身长，再量胸围，颈长、颈围、腿长、尾长等，并把测量的结果记录下来。

家养山鸡　　　　　　　　　　　　　　　　　家养山鸡

二、标本的制作

禽类动物剥皮时，自胸骨下方沿腹部中线至泄殖腔的前方将皮肤切开。要注意只切开皮肤，切勿割破腹部的肌肉层，以免腹腔液体流出染污羽毛。然后向两侧剥离。剥至腿部时，以手握禽类动物腿的跗蹠部，向切口的方向倒推出来，剥离股部与胫部周围皮肤，剪断膝关节，使禽类动物脚与躯体脱离。由此向尾部剥皮，把尾基部周围的皮肤剥离后，在尾综骨基部剪断，尾部便脱离躯体。

野生山鸡干制标本

用吊钩钩住尾椎骨，将禽类动物的躯体倒着悬挂起来，从上往下细心地剥离背部皮肤。

在剥至禽类类动物翅时，将其由切口内推出，剪断臂骨与前臂骨的关节，使两翅膀脱离躯体。继续住下剥离颈部，直至头的后缘。当剥至禽类动物头部两侧暗白色的部分为禽类动物的耳，此处容易剥破，需一手用镊子夹住皮肤，轻轻向外提拉，同时另一手用小解剖刀细心剥离。

剥至眼部时，不要刮破眼睑，用镊子夹断眼窝底部的视神经，将眼球挖出来。将舌自口腔拔出，再用一小匙或直接用棉花球将禽类动物的脑进行清理。在制作禽类动物模体和支架时，依照剥

白花山鸡剥制干式标本

出禽类动物的肉体躯干形状，用细麻线缠紧。其大小约为肉体躯干的 2/3，作为禽类动物的模体。用直径约 2 毫米的铁丝两根作为禽类动物腿的支架，其长度是禽类动物腿长的 2 倍，另取同样粗细的铁丝一根，其长度约为由喙至躯体后端长度的 2 倍，作为头部的支架。

在禽类动物被皮的内侧面、尾部剪断处、头部及软骨处要多涂抹些亚砷酸肥皂膏。取用做禽类动物腿支架的铁丝，由趾底穿入铁丝经蹠骨的后侧，由胫骨的后侧穿出。将铁丝和胫骨用线绑在一起，其周围缠裹上棉花，并用线绑住，以代替剥去的肌肉。把两腿部的皮翻转过来，羽毛向外。再将胫骨上端的铁丝，从模体上相当于腿部剪断的地方插入，将由模体对侧穿出的铁丝弯曲成钩，手握趾底部铁丝向相反的方向倒拉，将腿固定在模体上。禽类动物两翅的支架铁丝由尺骨的前侧穿入，经掌骨从翅的尖端穿出。将尺骨和穿入的铁丝用线扎在一起，并缠上棉花以代替剥去的肌肉。再将支架铁丝的另一端，在模体上相当于翅的剪断处插入。用固定两腿的方法将两翅固定在模体上。将头部的铁丝支架，自眼窝后壁横穿过去，使头骨穿在整个铁丝的中点，然后将头骨两边的铁丝向后弯曲并在一起，拧转 6 ～ 7 周，头骨即固定在铁丝支架上。

在头部和颈部的皮肤翻正过来羽毛向外，将头骨支架的两根并行的铁丝，在相当于颈部剪断处的位置穿入模体，同样用固定腿部和翅的方法将头部固定在模体上。取一根长约 8 厘米的细铁丝，将两端锉尖并弯曲为"U"字形，作为尾部的支架，在尾羽的下边穿入尾部，

把尾部固定在模体上。按照禽类动物颈部的粗细做一棉花条，用大镊子夹着棉花条的一端，由胸部皮肤切口处向上填入颈部，直至口腔，把颈部填装饱满。再在模体的周围前后、翅膀和腿部周围填充棉花，代替剥去的肌肉。

禽类动物标本缝合与装台板时，先从开口的前端开始向后缝合，直至泄殖腔的前方，缝针要由皮内侧面向外穿出，缝线不要压在羽毛上，不使缝合口露于羽外。缝合以后，

鸭子立姿标本

小田鸡、骨顶鸡干制标本

鸭干制标本

棉凫干制标本

白额雁干标本

绿头鸭的立姿态干制标本

罗纹鸭标本

群鸭干制标本

将两翅的铁丝支架按翅膀的自然形态，折叠在躯体的两侧，翅尖多余的铁丝，可自翅尖向翅膀的下内侧弯曲，掩藏于羽下。然后按照自然站立姿势弯曲腿部铁丝，而后置于台板上，并依两腿的位置在台板上钻两个孔，将两腿的支架铁丝下端穿入台板加以固定。

禽类动物标本装义眼和整形：在义眼的平面上，按眼球的原有色彩用油画颜料绘制假眼球。用解剖针拨开眼睑，先填上油灰泥，再将假眼按于眼窝内，镶在油灰泥上，并将眼睑摆正。禽类动物喙较厚需往组织内部注射防腐固定剂。先将石炭酸用热水溶解，再加入福尔马林和甘油，即可应用。禽类动物喙干后如有收缩变色，需用蜂蜡加热溶化后，调入有色颜料，用毛笔蘸蜡涂于类动物喙、脚上，以复原禽类动物喙、脚的形态色泽。羽毛若有污染之处，可用棉花球蘸酒精拭干净。在羽毛之翻转或膨松之处，可用线缠一层薄棉花加以压紧，干后即可恢复原来形态。如上、下喙不能闭合，则以线穿入鼻孔，将上、下喙扎在一起。脚趾如有歪斜不正，可于台板上钉大头针把禽类动物加以矫正、整形，待禽类动物毛干后，贴好标签，装台架加罩保存，这样，栩栩如生的教学标本就可以陈列了。

这些动物牧医教学新艺干制标本，不仅反映动物的外貌、品种、器官位置、构造与形态特点，而且新艺干制标本具有有色无味、教学使用与携带方便、对人体健康无害等优点。

用同样的方法做成家禽干式教学标本图示

母、公固始鸡剥制干式标本

（母）狼山鸡剥制干式标本

罗斯蛋鸡剥制干式标本

禽干制标本在教学中的应用图示

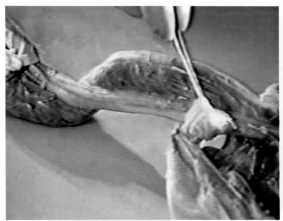

鸡气管、食管、嗉囊标本

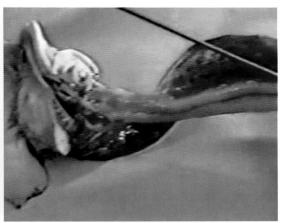

鸡颈椎、食管、气管标本

公鸡全身肌肉标本

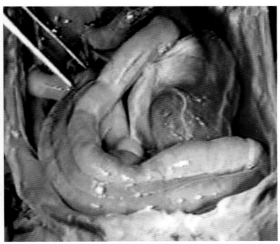

禽肝、胆、十二指肠、胰、胃标本

雄红腹锦鸡干制标本

一对锦鸡干制标本

鸟禽干制标本在教学中的应用图示

老鹰标本

苍鹭干制标本

勺鸡干制标本

七彩山鸡干制标本

第四节　骨骼干标本的制作

一、鸟骨骼标本的制作

（一）工具和材料

1.工具　解剖刀、解剖剪、镊子、钻子、漂骨骼缸、两面玻璃骨骼盒、注射器。

2.材料　氢氧化钾（氢氧化钠）、胶水（胶乳）、漂白粉、双氧水、汽油。

（二）标本制作

1.准备工作

（1）熟悉骨骼的位置和形态　制作前最好先熟悉一下所制动物骨骼的位置和形态。这样，剥肉时心中有数，可避免造成损失，同时也便于以后按鸟类原来的姿态串接骨骼。

（2）取材　挑选骨骼完整，适于制作的成年动物，最好是活的材料。

（3）杀死　最好采取放血的方法，使之致死。处死后的动物，应立即进行剥制，久了会引起韧带腐烂、骨片散失，增加安装时的麻烦。

2.制作步骤

（1）剥皮　将杀死的动物，切开腹部，剥掉皮毛。

（2）挖去内脏　沿腹部正中线剪开（注意，不要损坏骨骼），挖去全部内脏，然后用水冲洗干净。

（3）将各部位骨骼分开　切断肩关节，取下前肢；切断股关节，取下后肢；在头骨和胸椎处取下颈椎。全身骨骼共分成七段。

（4）剥躯干段肌肉　用解剖刀尖从背部脊椎切开肌肉，再向腹部剖割，将肌肉和骨骼分开。当剥到肋骨时，注意不要割断肋软骨和肋间膜，也不要损坏锁骨及背部的肩胛骨；剥到尾椎时，注意不要损坏尾综骨和耻骨。

（5）剥前肢骨肌肉　剥净上膊骨、尺骨、桡骨和掌骨上的肌肉。注意保留掌骨和指骨。

（6）剥后肢骨肌肉　将股骨、胫骨、腓骨上的肌肉剥净。注意保留腓骨，剥到跗骨和跖骨时，可用剪刀除净骨上的肌肉，并保留韧带，使骨相连。

（7）剥净头骨肌肉　挖掉眼球，剥净头骨上的肌肉，取出下颌骨，用水冲净脑颅腔内的脑髓。头骨薄而轻，剥肉时要特别小心。

（8）剥颈椎骨骼上肌肉　将颈椎骨骼上的肌肉剔净，再用粗线把各块颈椎连接起来。

（9）在骨骼上钻孔　前肢骨的上膊骨、尺骨、桡骨，后肢骨的股骨、胫骨等，由于漂液难以渗透到密封着的骨髓腔内，所以需要在骨上钻孔，使漂液侵入。钻孔的深度以漂液能达到骨髓腔内就成。

（10）冲掉骨髓　将注射针头分别插入骨骼上的钻孔内，注入漂液把骨髓腔内的骨髓冲掉。

（11）腐蚀未剥净的肌肉　用0.5%的氢氧化钾溶液，将骨骼浸没，以除掉沾在骨上的碎肉。一般需经过三次浸液，浸液的时间，第一次 24 小时左右；第二次 48 小时左右；第三次 72 小时左右。浸骨骼时，要注意当时的气温变化，并随时观察腐蚀情况。每次调换新液，必须将原残留液倒掉，每次用清水冲洗干净。

（12）用热漂白粉溶液烊去尚未除净的碎肌肉　取一只大烧杯，内盛 2%漂白粉水溶液，加热至 70 ～ 80℃，用夹钳住骨骼放入热漂白粉水溶液内以烊去碎肌肉（注意，这时不能继续加热），并且用牙刷刷去附在骨骼上的残余碎肌肉。肌肉除净后洗净，然后放在阳光下晒干。

（13）脱脂　将晒干的骨骼浸入汽油内脱脂，时间 7 ～ 10 天。浸泡时间的长短，随标本的大小和当时的室温来决定。动物骨骼体小或天气暖和的时间短 1 ～ 2 天。用汽油脱脂时，容器口要密封；经过一定时间，汽油中的脂肪达到饱和状态时，使失去脱脂的能力，这时必须更换汽油。

（14）漂白　将以脱脂的骨骼，浸入双氧水稀释液（用 1 份 30%的双氧水和 6 ～ 7 份水配合）中漂白，时间 5 ～ 6 天。待骨骼洁白时，就可取出洗净，再放在阳光下晒干。

（15）装置　在未装之前，事先应备好盛标本的木盒或纸盒。盒的大小必须能装下标本的抽板，盒的前后两面装上玻璃，以便于观察。标本要装在抽板上，必要时可以把标本抽出盒外，以便仔细观察。装置前还应对骨骼做一次修饰工作。散了的小骨片，可用乳胶将其粘好。不宜粘合的部分，可用钻子钻孔后再用细铜丝串联。骨和颈椎的联结要用一条铜丝，一端固定在头骨上，另一端固定在脊柱间的胸椎上；前肢骨的联系时各用一条铜丝，一端插入上膊骨，另一端固定于肩关节处；后肢骨的联系时用一条铜丝，穿过左右股关节，两端分别固定在左右股骨的股关节头上。趾骨可用乳胶粘在抽板上。所用的铜丝要求粗细适宜，以能使两部分密切联系为宜。所有的骨骼都要按原来的自然位置安装好，然后再固定于抽板上，放入盒内。

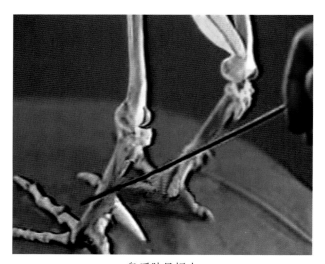

鸟后肢骨标本

二、鸽骨骼标本的制作

（一）材料处理

1. 麻醉、放血　用老的大白鸽做骨骼标本最适宜，但不宜用过于肥胖的大白鸽。用乙醚麻醉后，立即切断颈动脉放血，以减少骨骼内积聚血液，便于漂白。

2. 剥皮、去内脏　自腹正中剖开皮肤，剥到体侧后，再剥四肢和头部，去掉全部的被毛后就剖开腹壁肌肉，取出胸、腹腔内的内脏。

（二）标本制作

1. 先将大块肌肉剪去，要特别注意保存容易疏忽的骨片，如大白鸽前肢的近端，胸廓的前方，埋在肌肉内有一块细小的锁骨，有的大白鸽锁骨尚为软骨状。还要注意

保存骨与骨间关节部分，不宜把结缔组织去得过于干净，否则骨骼容易散开，最后难以装成整体骨骼标本。将头骨在枕髁与颈椎的关节处分开，从头骨的枕骨大孔处取出脑髓，用一条粗铅丝穿入脊椎骨的神经管内，去除脊髓。然后将骨骼浸泡在温水中，细心地把附于骨骼上的肌肉、结缔组织一点一点剪除干净，当水混浊时还要不断地换水，直到骨骼结构均比较清楚可辨，只是有绒毛状残留结缔组织附于骨片表面时，方可以进行下一步操作。

雄鸡骨架标本

2. 用1%或5%氢氧化钠腐蚀。根据具体情况选用，如不急用，可用1%氢氧化钠溶液浸泡，时间长，作用慢，在室内温度较高情况下，速度会加快，要每天检查骨骼上残留结缔组织是否被腐蚀干净，关节是否会脱开，基本上干净就可放入清水中洗涤，经多次，直到氢氧化钠全去净即可晾干。假如急用，或希望在较短时间内完成骨骼标本制作，也可用5%氢氧化钠，并加热至$40 \sim 50℃$，可以马上看到残留组织被腐蚀，但特别要注意关节不能同时散开，然后，同样用多量清水多次洗涤。

3. 漂白剂可选用3%过氧化氢或2%～5%过氧化氢水溶液，也可用30%的漂白粉液，浸1周左右。

4. 晾干与整形是同时进行的，在未干前，用外扎有白线的粗铅丝穿入头与脊柱，并在体中心支撑一条铅丝或玻棒，骨骼的姿态尽量与自然相似，待干后，装入大白鸽标本盒内长期保存。

宠物鸟欣赏

八哥伏卧姿态活标本

牡丹鹦鹉仰望姿态

笼养八哥鸟

家养观赏小鸟

口含虫卵的啄木鸟倾身待飞

五彩鹦鹉

两雄鸟迎春欢舞

苍鹰飞翔

海滩上展翅飞翔的候鸟和燕鸥

锦华雀

玄凤鹦鹉

握鸟姿态

立枝银耳相思鸟

十姐妹鸟

第五节　鸟肺和鸟气囊铸型标本的制作

一、器材的准备

1. 药品　赛璐珞丙酮液（用 15 克赛璐珞溶解于 85 毫升丙酮内加染料），聚氯乙烯环己酮液（聚氯乙烯 20 克，环己酮 80 毫升，再加少量红色染料），浓盐酸。

2. 工具　注射器，磨口有盖玻璃瓶，培养缸。

二、铸型标本的制作

用注射器将赛璐珞丙酮溶液注入鸟的气管内，要不断地添加，逐渐达到各部分充分灌注到为止。也可以用聚氯乙烯环己酮溶液代替赛璐珞丙酮溶液，因为经过一段时间后，溶剂挥发所形成的孔隙需补足，故需多次注射。不论哪一种方法，注射后均需放在通气的地方达半个月或一个月，再放入浓盐酸内腐蚀标本的皮肤、肌肉、骨骼等未注入部分，然后用流水清洗，晾干后可长期保存。

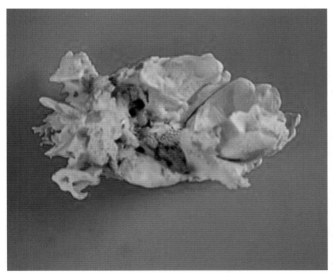

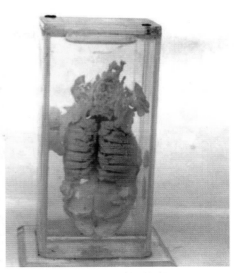

鸟肺和气囊铸型标本（腹侧面）　　　　　　　　鸟肺、气囊铸型标本

家养雏鸟小常识

（一）将刚孵出雏鸟转放入保温
草筐内护理

（二）每天用小勺精心喂雏鸟

（三）将生长较大的雏鸟转放入
宽大纸盒内护理

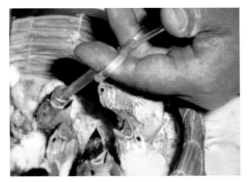

雏鸟的人工喂料

小鸟的人工饲喂

（四）将雏鸟经常放在手掌上
按摩与驯养护理

鸟笼子　　　　　栖木

（五）转入鸟笼内驯养护理

小鸟要定时饲喂与护理

观赏鸟会说口语吗？有些宠鸟学了会说！

避免噪音干扰

将小鸟放入纸盒带回家

宠物鸟欣赏

秋草凤尾鹦鹉　　　　卷毛鹦鹉　　　　嘴含鹌鹑鸟心型脸庞大草鹗

虎皮鹦鹉　　　　秋草凤尾鹦鹉　　　　虎皮鹦鹉

玄凤鹦鹉　　　　虎皮鹦鹉　　　　白牡丹鹦鹉

鸟 禽 欣 赏

水中天鹅迎春起舞

白羽毛脚鸡

长尾红原鸡鸣歌起舞

一对文鸟立枝姿态

第三章　其他动物标本的制作

第一节　蝙蝠标本的制作

一、剥制标本的制作

1.剥皮　自背部距尾末端 1～2 厘米处入剪,沿背线剪至腰部,用刀柄轻轻将皮肉分离,至后肢用手捏住,在股骨和身体的连接处剪断,肌肉除尽,另一后肢也同样处理。当切断生殖器和直肠后,用镊子夹住尾基部,左手将尾椎拉出,然后将皮翻转,从胸部剥离皮肉,在上膊骨和肩胛骨处剪断,拉出并剃去筋肉;处理头部时,应用刀紧贴头骨依次切断耳根、眼缘、上下唇。最后为避免虫蛀在皮内各处均匀涂以防腐剂。

2.填装　将毛朝外翻转,把上膊骨、前臂桡骨及后肢拉回原处,以剥好的竹棍或细铅丝代替尾椎。取一团比原体积大 1 倍的棉花,一端折叠成头骨状,用镊子夹住自背开口处向上推至吻端,再用余棉补于不足之处,此时假尾椎要放在棉花的上部。填满后缝合,吻部不用缝,只需将上唇拉下,遮住下唇即可。将毛理顺,腹部朝上进行初步整形。整形时胸部要比原形稍许丰满,腹部自然低平,其他部位按原形整理。

3.固定　蝙蝠标本的翼膜阴干后较脆易折,须缝制在硬皮纸上,这样不仅不易变形,长期使用也不至损坏。方法是先取一张大于单边展翼标本的硬纸（马粪纸即可）,将已整形的标本腹部朝上平放在纸上缝制。习惯上将右翼折迭,舒展左翼,一个定点一针。

蝙蝠外部形态特征大都集中于头部,因此在缝制完毕后,需将耳部（包括耳屏）、鼻叶整理好,在阴干过程中,应小心地加以整形,使其在阴干后仍能保持原来形状。蝙蝠头骨也是分类鉴定必不可少的,可随同标本缝在纸上。

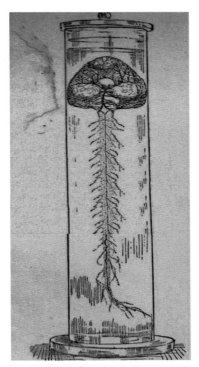

脑和脊髓神经浸制标本

二、浸制标本的制作

蝙蝠为群栖动物,有时一次性捕获较多,除部分制成标本外,其余的可存放在 70% 酒精溶液中。方法是在蝙蝠腹部剪一个缺口,其大小以使溶液浸入内脏为准。如搞科研，在液浸前还需将各种测量数据记录下来，再用绘图墨水或铅笔将标本编号写在竹杆上拴在左足（线要短，以免互相缠绕）放入容器。野外工作结束后，要尽快鉴定，以"种"为单位放入盛有 70% 酒精溶液的广口瓶内，瓶外尚需注明学名、产地和采集时间。

第二节　观赏动物干式标本的制作

一、小动物标本制作

（一）器材的准备

1. 剥制工具　解剖刀、解剖剪、骨剪、长镊子（尖形，前端内侧不要带锯齿形的）、解剖盘或塑料布、细铅丝或竹筷、取脑勺（取铅丝一段，前端砸扁弯成勺状）、针、线、棉花、竹丝、亚砷酸与明矾相混合的防腐剂。

2. 标本的测量　测量的工具和物品包括钢卷尺、秤、标签、采集本。体重指观赏小动物体的全重；体长指吻端至肛门尾基部；尾长指尾基部到尾端（尾端毛除外）的长度；后足长指自跗关节的最后端至足的最前端（爪除外），对有蹄类动物要测到蹄的前端；耳长指耳壳基部至顶端（簇毛除外）的长度；肩高指肩背中线至前指尖长；胸围指前肢后面胸部最大周长；腰围指后肢前面腰部最小的周长；臀高指臀部背中线至后趾尖长。

（二）标本的制作

1. 剥皮　将小动物体仰放在解剖盘和塑料布上用解剖刀沿腹部正中肛门前部开始向胸骨后端切开皮肤，操作时用力不要太猛，以免将腹腔切破而污染皮毛，然后用刀背或小镊子将切口与后肢相连的皮肤与肌肉分离，将后肢分别往切口处推出，剪断膝关节并除去小腿上的肌肉，剥离背部等周围的肌肉，再把生殖器、直肠与皮肤连接处剪断，清理好尾基部周围的结缔组织，用左手捏紧尾基部，右手捏住尾椎骨缓慢往上拉，直至完全抽出，继续剥至前肢，在肘关节处剪断，清除肌肉再剥至头部，用解剖刀紧贴头骨至耳部，剪或切断耳根至眼部时，可看到一层白色网膜状的眼睑缘，细心切开网膜的下端后，即露出眼球了。剥离上下唇时，先在鼻尖的软骨处剪断，然后再用解剖刀剥离下唇，这时皮与肉体已分离，去掉皮内脂肪和贴在皮上的肌肉，均匀涂抹防腐剂，并在四肢骨骼上缠以少许棉花以代替原来的肌肉，再翻转鼠皮，呈皮朝外直筒状即可。

2. 填充　削好 1 根比原尾椎骨稍细而又均匀光滑的竹的假尾椎骨或用铅丝紧缠棉花制成假尾，插入小动物的尾部末端，假尾要比原尾长一些，以达到腹腔开口处的 1/2 处为好，这样一方面可固定

豚鼠剥制干标本

矮胖漂亮的肥犬鼠

豹猫干标本

尾巴，也可支撑整个身体。然后将蓬松的棉花捏成前细后粗形状，用大镊子夹紧棉花的前端，从开口处紧插至头部，再在四肢和躯干部不足处，适当填上蓬松的棉花。这时，削制的尾椎骨应紧贴腹部压住棉花，使尾椎不至上翘。缝合切口时，要将标本摆正，针从里向外交叉缝制。

3. 整形与固定　标本制作的好坏与整形关系很大。整形时，需将标本横放在桌面上，头部向左，将前肢往里缩，掌面朝下，后肢伸直，蹠面朝上与尾平放，眼部用小镊子将棉花挑开，似微凸的眼球，毛要理齐，两耳要竖立，头部稍尖，臀部要拱起。标签系于右足将标本置于固定板上，四肢用大头针固定，阴干后就制成了。

4. 有些观赏小动物在填装时还需用铅丝（大型动物用钢筋或钢板）支撑其肢体。所用的铅丝型号要根据动物本身的大小而定。在头部、四肢、尾部各用1根铅丝支撑。头部的铅丝先用棉花卷成与颈部原有肌肉粗细长短相同，一端固定在头骨上。也可将原头骨保留。另取铅丝1根由足底沿肢骨后侧插入肢内，外留一段作为固定用。穿入的铅丝沿肢骨弯曲，用线缚于骨骼上，四肢处仍需补充棉花以代替原来的肌肉。尾椎骨的制作不宜用竹子，而必须用铅丝方能捏成各种姿态。

二、中型动物剥皮标本的制作

1. 体形测量　标本制作前，需要进行测量。测量的部位为头长、头高、颈长、颈宽、肩高、体长、体阔、腰高、骨盆大、腿宽、后肢宽度、前肢幅度等。

2. 剥皮　用刀剖开腹部的毛皮，并把毛皮与肌肉之间的脂肪及其他结缔组织，尽量清除干净。

3. 剥腿、剥四肢　把腹肢的骨和肉全部除去，注意完好地保留四肢远端部角质爪（不能剪掉）。另一种做法是保留四肢骨，但必须把附于四肢骨上的肌肉剔除干净。

4. 剥耳、眼、鼻嘴部　当剥制头部的耳孔、眼睑、鼻孔和上、下唇时，要设法保护它们的原状，切勿撕破。

5. 剥尾时很费力，如用手先搓一搓尾部，再剥就方便得多，但需要两人配合操作，一人捏住身体，另一人将毛皮自尾基向尾尖方向脱出。

猕猴标本

川金丝猴标本

6. 浸皮　剥下的皮必须经过浸制，否则做好的标本容易脱毛。肉食动物皮用 75% 酒精固定一下即可，或用 1 份明矾、2 份食盐和 10 份水配制的溶液浸泡 5 ~ 10 天。

7. 制作假肢　姿态标本制作有两种情况：如保留骨骼作为支持的，只要去内脏和肌肉，涂上防腐剂；如果需要把骨头取出来的，就需复制头骨的石膏模型，制作过程比较复杂。首先，要复制头骨的模型。将头骨的下测埋在泥坯或沙坯中，在头骨裸露的上侧，刷上肥皂液，以便凝固后的石膏浆（石膏粉和水调成）易与头骨分离。做好马粪纸圈后的石膏浆，待石膏封口，取出头骨，头骨一侧的模子就制成了。将取下的另一侧头骨，也可用同样的方法做好模子。将取下的另一侧头骨，也用同样的方法做好模子。将两个头骨模子合拢，就可以复制与头骨基本上相同的阴模了。在合拢前需要毛笔在阴模内涂上一层肥皂液，然后用绳子把模子捆好，在模子内灌进刚调制好的石膏浆。稍过一会儿，在模子内插入一根粗铅丝（便于制成后与躯干假体相连接），注意把铅丝插在正中，不

白头叶猴标本

熊猴干标本

猞猁标本

能过深，但也不要过浅。约过半天，模子内的石膏浆充分凝固后，头骨的模型就制成了。可以剪断绳，卸模，把头骨的模型取出来，用解剖刀稍加修正就行。

8. 做铅丝支架 在铅丝上扎稻草，力求假体形状与自然姿态要逼真。

9. 装上义眼 将石膏头骨模型小心地装在假体上，假体就做成了。

10. 涂上一层防腐剂 在中型动物皮内涂上一层防腐剂，毛皮从明矾、食盐溶液里取出后，需用清水把毛皮洗净，才能涂上防腐剂。

11. 穿假衣 把肉食动物皮从75%酒精中取出，小心地将它像穿衣一样，给假体穿上。

12. 缝合 用线把切口缝合起来。最好切口处在剥皮时就作好记号以便按原位缝合。

13. 整形 待毛干后才能整形，毛可用梳子梳理。

三、巨大动物剥皮标本的制作

1. 大动物毛长而厚，活体测量不易准确，须经宰杀剥皮后，再在肉体上测量。但是牛的尸体倒下后，其身体的形状与生活时会有变化，特别是腹部变扁，腹围的竖径变大，横径变小，其他部位也有相应的改变。

2. 大动物的宰杀与剥皮 白色毛被易于被血液所污染，为了避免这一点，可在开刀部位先用水将毛浸湿，使毛贴在开刀口周围，这样污染的面积会小些，且易于洗净。

3. 大动物剥皮的方法除尾部和头部外，其余部位按常规方法剥制。有的大动物头上有角，剥皮时皮被必须从两角根内侧向颈背正中线作一Y形切口（切口长度根据角大小确定），并将角周围的皮肤剥为环切，才能将皮被做好。

4. 大动物被皮与骨骼的处理 大动物皮较薄，但皮下疏松结缔组织很发达，应进行轻度的刮皮，以防皮被缩小，造成缝合时的困难。把刮好的皮被放入碱水中，两手搓洗毛被，直至洗净，再用清水冲洗后，放入食盐明矾液中进行腌皮。大动物头骨需经水煮，但其角须露出水面，否则两角会因水煮而脱落。

印度花鹿标本

5. 大动物模体制作 干板选用2厘米厚的木板，不宜过薄，以免在安装四肢和头部支架时木螺丝固定不牢。取适当粗细的铁丝两根，弯曲成后肢上端后缘和臀部后缘的形状，下端固定在跟结节上，上端固定在基干板后端的适当位置，作为后肢上部和臀部后缘的轮廓。然后开始缠装麻刀。先以四肢测量的上围、中围等数据，在四肢上部用细麻线缠装麻刀，以测量的中围、下围等数据在四肢下部缠裹纱布，制出四肢的模体。再以胸围、腹围和肋围所测量的数据缠装胸腹部。但是干板的上缘和下缘不要填上麻刀。最后缠装颈部和臀部，头部后侧空隙处，也要用麻刀填平，整个模体表面要用麻线缠扎结实、平整。如果所制标本尾部是肥大的，可依照剥出的尾部形状大小，取一适当长短的铁丝，弯曲成尾的形状，用麻刀和麻线缠成尾的形状，将铁丝的两端钉在基干板上适当位置，制成假尾。然后取出测量数据一一查验，不相符处，再行缠装修补，使模体与皮被大小符合。

6. 大动物头部骨骼的空隙处和头部剥去肌肉的部位均需用石膏泥填充，待石膏泥干后，再涂上明胶液。由于大动物耳廓软骨较薄，在制作假耳廓软骨时约需4层纱布。

7. 大动物装皮 先装假耳廓软骨，再装尾巴。待动物皮在模体上摆正后，将两角由原开口处穿出，随即将开口缝合。将两角周围的皮被对好，用大头针钉住。颈部下缘有皱襞的也要对好。其余各部分别装皮和缝合。

8. 大动物整体标本基本做成后，要适当整形。再根据其被毛的长短、薄厚及紊乱情况，用梳子或刷子按毛的生前自然走向顺向轻轻梳刷，经日光晒干后保存。

鹿标本

老虎干制标本

师生共制雄狮干式标本

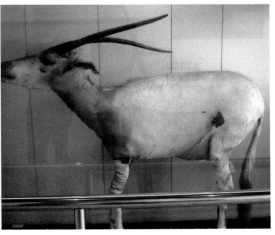

长角羚标本

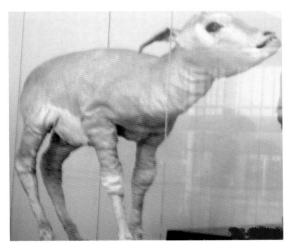

黑鹿标本

獐干制标本

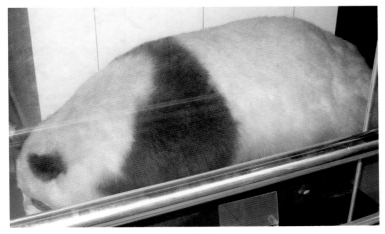

大熊猫标本

毛冠鹿标本

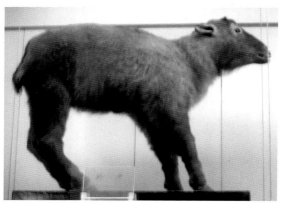

羚牛标本

赤斑羚标本

云豹干制标本

金钱豹标本

金钱豹干制标本

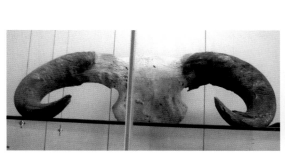

干制牛角标本

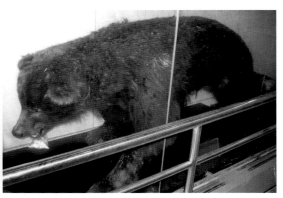

棕熊标本

大熊猫干标本

虎干制标本

豹猫干制标本

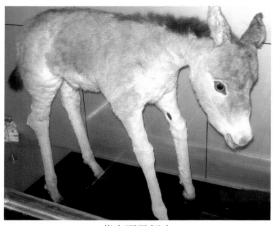

蒙古野马标本

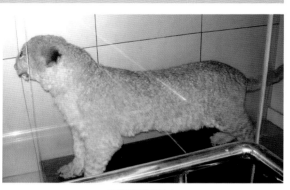

黄狮干制标本

双峰驼标本

动物干式标本的欣赏

虎标本挂图

大熊猫自然行走姿态陈列标本

群猴立卧自然姿态干制标本

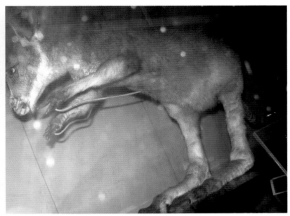

袋鼠干制陈列标本

驼、羚、牛、鹿标本

猫、驴、狮、豹、虎标本

猫、狮、豹、虎标本

黑熊标本

羚、鹿立姿标本

第三节 犬、猫干式标本的制作

一、器材的准备

1.准备解剖刀、解剖剪、骨剪长镊子、解剖盘或塑料布、钢卷尺、秤、标签、铅丝、针、线、棉花、亚砷酸与明矾相混合的防腐剂。

2.测量动物的体重、体长、尾长、足长、耳长、肩高、胸围（前肢后面胸部最大周长）、腰围（后肢前面腰部最小的周长）和臀高（臀部背中线至后趾尖）。

二、制作方法

1. 犬、猫标本制作有生态标本和不作假体填装而只保留皮张、头骨等方法。以此类标本为例，制作时可从尾基部至吻端及四肢内侧开口，四肢的腿骨、爪均需留在皮上。

2. 犬、猫剥皮分为背剥与腹剥两种，由于腹毛厚密切口不明显而不易损伤标本，故以腹剥为好。自腹下部剪开 10 厘米左右切口，用刀柄轻轻将皮肉分离，至后肢用手捏住，在股骨和身体的连接处剪断，肌肉除尽，另一后肢也同样处理。当切断生殖器和直肠后，用镊子夹住尾基部，左手将尾椎拉出后将皮翻转，从胸部剥离皮肉，在上膊骨和肩胛骨处剪断，拉出并剃去筋肉；处理头部时，用刀紧贴头骨依次切断耳根、眼缘、上下唇。最后，为避免虫蛀，在皮内各处均匀涂腌皮混合粉。

3. 犬、猫填装时将毛朝外翻转，把上膊骨、前臂桡骨及后肢拉回原处，以剥好的铅丝代替尾椎。取一团比原体积大 1 倍的棉花，一端折叠成头骨状，用镊子夹住自背开口处向

哈士其犬

上推至吻端，再用余棉补于不足之处，此时假尾椎要放在棉花的上部。填满后缝合，吻部不用缝，只需将上唇拉下，遮住下唇即可。将毛理顺，腹部朝上进行初步整形。

整形时胸部要比原形稍许丰满，腹部自然低平，其他部位按原形整理。固定犬、猫标本的耳廓须夹在硬皮纸上，这样不易变形，长期使用也不致损坏。方法是先取一张大于展耳标本的硬纸，将已整形的标本夹放在纸上固定，把耳屏、鼻叶整理好，在阴干过程中，应小心地加以整形，使其在阴干后仍能保持原来形状。

卷发犬干式标本

犬标本两耳腹姿造型

萨姆斯犬标本制好后装架整形

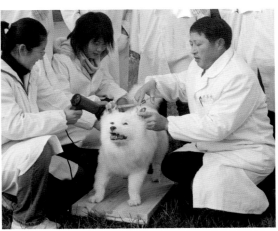

师生共制犬标本

萨姆斯犬干式标本用于教学

萨姆斯犬干制标本

4. 犬、猫标本剥皮时，将犬、猫仰放在解剖盘和塑料布上，用解剖刀沿腹部正中肛门前部向胸骨后端切开皮肤 4 厘米左右切口，操作时用力不要太猛，以免将腹腔切破而污染皮毛，然后用小刀或小镊子将切口与后肢相连的皮肤与肌肉分离，将后肢分别往切口处推出，剪断膝关节并除去小腿上的肌肉，剥离背部等周围的肌肉，再把生殖器、直肠与皮肤连接处剪断，清理好尾基部周围的结缔组织，用左手捏紧尾基部，右手捏住尾椎骨缓慢往上拉，直至完全抽出，继续剥至前肢，在肘关节处剪断，清除肌肉再剥至头部，用解剖刀紧贴头骨至耳部，剪或切断耳根至眼部时，可看到一层白色网膜状的眼睑缘，细心切开网膜的下端后，即露出眼球了。剥离上、下唇时，先在鼻尖的软骨处剪断，然后再用解剖刀剥离下唇，这时皮与肉体已分离，去掉皮内脂肪和贴在皮上的肌肉，均匀涂抹防腐剂，并在四肢骨骼上缠以少许棉花以代替原来的肌肉，再翻转犬猫皮，呈皮朝外直筒状即可。

5. 犬、猫标本填充时，削好 1 根比原尾椎骨稍细而又均匀光滑的竹的假尾椎骨或用铅丝紧缠棉花制成假尾，插入犬猫的尾部末端，假尾要比原尾长一些，以达到腹腔开口处的1/2 处为好，这样一方面可固定尾巴，也可支撑整个身体。然后将蓬松棉花捏成前细后粗形状，用大镊子夹紧棉花的前端，从开口处紧插至头部，再在四肢和躯干部不足处，适当填上蓬松的棉花。这时，削制的尾椎骨应紧贴腹部压住棉花，使尾椎不至上翘。缝合切口时，要将标本摆正，针从里向外交叉缝制。

6. 标本制做的好坏与整形关系很大。整形时，需将标本横放在桌面上，头部向左，将前肢往里缩，掌面朝下，后肢或弯或直，尾或翘或平，眼部用小镊子将棉花挑开，似微凸的眼球，毛要理齐，两耳要竖立，头部稍尖，臀部要拱起。贴好标签，将标本置于固定板上，后肢与木板固定，阴干后就制成犬、猫干式标本了。

三、制作步骤

1. 准备好体型中等、外形美观无损的犬、猫，腌皮防腐粉，剥制器材及防护用具。

2. 犬、猫标本制作时，左手抓住动物颈、胸部保定，右手抓住头部用力拉转，破坏脑、髓生命中枢，使犬、猫快速致死。

3. 从犬、猫的颈腹部，用手术刀切开皮肤 3 ~ 4 厘米，将头颈部肌肉及脑汁清除干净，用手术刀切开腹下部皮肤 6 ~ 8 厘米，将躯干部肌肉、四肢部肌肉及尾部肌肉全部剔除干净，

宠物干式标本

仅保留毛皮、头骨和四肢骨的外观完好。

4.用腌皮防腐粉对犬猫的毛皮、头骨和四肢骨进行腌制。

5.把铁丝支架的顶端插入犬猫的枕骨大孔内固定，支架的末端分别插入犬猫的四肢皮内进行固定。

6.用油灰泥将犬、猫的眼眶内空隙填满，选用合适的义眼分别装入犬、猫的两侧的眼眶内，在犬、猫的皮下支架的表面用干棉花进行填充。用"4号医用"缝线，将犬、猫的切口连续缝合。

7.将犬、猫标本固定在台柱上，进行适当整形，贴上标签，经数日风干，这样一个栩栩如生的犬、猫标本就可以陈列了。

宠 物 欣 赏

吉娃娃犬

德国杜宾犬

拉萨犬

巴哥犬

家养犬活标本

笼养长毛犬

家养黑犬

灵敏可爱灰毛犬

吉娃娃犬

笼养伴侣犬

笼养家犬

群养娇猫

猛虎下山标本挂图

沙皮犬

笼养观赏犬

日本犬

日本犬

马耳他犬

西施犬

藏獒犬

大丹犬

冠毛犬

无毛犬

巴哥犬

北京犬

马耳济斯犬

贵宾犬

喀布尔犬

索马里猫

比格犬

松狮犬

家养猫

拳狮犬

吉娃娃犬

宫廷狮子犬

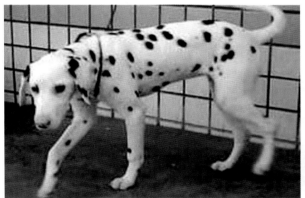

大麦町犬

巴厘猫

藏獒犬

沙皮犬

宠 物 猫 欣 赏

短毛猫　　　　　　　　　　无毛猫

金吉拉猫　　　　　　　　　野花猫

伯曼猫　　　　　　　　　　韦尔斯猫

短毛猫

森林猫

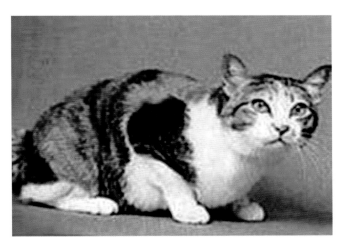

兔尾花猫

卷耳猫

卷毛猫

白狮猫

土耳其梵猫　　　　　　　　　　　布偶猫

全窝埃及猫　　　　　　　　　　　黑豹猫

缅甸猫　　　　　　　　　　　科特银猫

短毛猫

野 猫

哈瓦那猫

俄蓝猫

曼岛猫

长毛反耳猫

杂种猫　　　　　　　　　　　　　波斯猫

宫殿白狮犬伏卧姿态

第四节　教学挂图标本的绘制

一、简易教学挂图的绘制法

1. 彩色粉笔绘图法　利用彩色粉笔绘制生物挂图是一种简便易行的方法。粉笔绘画挂图有两类：一类是黑板挂图。这类挂图可以在课前画好，也可以在课堂中边讲边绘，但它不能保存。另一类是厚纸挂图。这类挂图能保存，是用彩色粉笔描绘在颜色较深、纸质较厚的纸上。绘画时先用白色粉笔轻轻地用细线条画出图形的轮廓，然后根据图形色彩的要求配上不同的彩色粉笔，由浅入深地描绘出图形，用喷可用喷上一层薄薄的松香胶，晾干后即成一幅很好的彩

文鸟立枝姿态彩色挂图

色挂图。松香胶的作用是把粉笔粉粘住，避免脱落，能较长期的使用与保存。松香胶用 1 ：7 的松香与酒精合成。喷雾器可用喷滴滴涕的小型喷雾器。绘图纸可用绿、紫、蓝等色的书皮纸。

2．手电筒射影绘图法　这是一种放大图形的方法，根据课本或参考书中的图像，通过手电筒放大在白纸或黑板上，经描绘、涂色后即成一幅美丽的挂图。具体的描绘方法是先用一块小玻璃，放在所需的图上，用小号毛笔或绘图的钢笔把图的轮廓描绘出来；事先做一只

纸扇松鹤

长 33.3 厘米、宽 13.3 厘米、高 16.7 厘米的木匣或马粪纸匣，匣的内壁糊上白纸，可增强光的强度；匣的前端装上已绘好图像的玻璃片，后端放一支光线较强的电筒。电筒打亮后，就能使图像清楚地投射到对面墙壁白纸上或黑板上，这样就可用铅笔或粉笔按投影的线条描画，再略经修改，涂上各种色彩即成挂图。

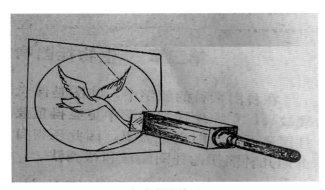

灯光射影绘画

3．对称图的描绘法　鸟体外形、骨骼及昆虫的外形图都是两侧对称的，画了左边一半再画右边一半，往往画不对称。这里介绍一种绘制大幅对称图的方法。如要绘制一幅鸟体全身肌肉图，在绘图纸上先用铅笔划出一条垂直的中线，使纸的左右两侧均等，再在中线的左侧绘出图形的一半轮廓，然后用长度与原图纸相等，宽度为原图纸一半的有光纸一张，覆盖在已绘出的图形上，注意把有光纸一边对准图纸中的中线，光面向下，粗面向上，这样在有光纸上可以看出下面图形的轮廓，即用黑色软铅笔按照图形线条描出，反转有光纸，对准中线，放在右侧与原图形的左侧衔接，用硬铅笔在有光纸的光面上顺着其粗面的线

灰白鸟立枝彩色挂图

条重描一遍，就能把粗面的轮廓印在绘图纸上，形成一个完整的人体全身肌肉图，最后用墨笔或着色笔加粗全身肌肉的轮廓线条，即成一幅挂图。

老鹰展翅木雕标本

骏马齐飞木雕标本

二、教学挂图的装裱法

装裱又称裱画，就是在书画作品的四周镶上框边，并在背面粘上一层或多层纸，目的是增加书画作品的厚度和牢度，这不仅对作品起到保护作用，还使作品更加美观。

裱画的工艺过程，可分托、裱、装三大工序。这三大工序既相互相联系，又可单独存在。其中"托"是一道基础工序，也是裱画工艺中很重要的工序。下面谈谈教学挂图的简便装裱法。

（一）裱画的主要工具和材料

1. 工具 裱画台、贴画板、盛器、排笔、棕帚、刀、尺、启子、针钻、锄头、镊子等。

（1）裱画台 要求台面平整、光洁、坚实、不渗水、不褪色。在学校中可选用面积较大的玻璃，或新制的乒乓球桌（不褪色），或实验桌等代用。也可以选择一块无裂缝的、光洁的磨石子地面经洗刷干净后，进行裱画。

灰白金丝雀立枝姿态彩色挂图

（2）贴画板 是书画裱托以后晾干和整平所用的板。板面要求平整，不能有钉锈，受潮不会泛黄。平整清洁的板壁糊贴白纸后也可做贴画板，玻璃橱门及清洁的门板也可做临时的贴画板。

（3）盛器 主要用来贮放糨糊、浆水、清水等，凡不漏不锈，清洁干净的盆碗都可应用。

（4）排笔 是裱画的主要工具。裱画的排笔要求笔锋长7厘米左右，排笔宽度为20～23厘米（即18～24支单支笔管）。如果临时要托挂图，可用大号的羊毛底纹笔来代替排笔。

（5）棕帚 是用棕榈丝扎制成的工具。它分为糊帚、笃帚、洒水帚几种，而以糊帚为最重要。糊帚是用来排刷的，要求棕丝粗细均匀，扎制紧。新糊帚由于棕丝比较毛糙，必须先放在糙石上或水泥地面上磨刷几下，磨时蘸一些水，反复来回地多刷几次，使棕丝磨得软熟一些。磨后洗净，拍去蓄水。

（6）刀　是切裁材料和画心的工具，刀形有多种多样。切裁单页纸张时，可用单面刀片代替。切裁时必须在材料底下垫一块木板，木板要求干净、平整，木质细嫩而没有疤痕的直纹板，如果没有这种木板，可用三夹板或厚马粪纸代替。

（7）启子　是裱画工人自己制作的工具，在书画裱托后用来揭启书画。启子一般是用竹制的，取一根长 33.3～50 厘米、宽 1.32～1.98 厘米的竹片，要求竹片留有青皮，一端的顶头上要有竹节，把竹片浸入水中，浸泡数小时后取出来削制。具体削法是先将竹片的竹黄一面从中间起向竹节的一头削去，成一个长的斜坡面，越至节头削得越薄（竹青一面不削）。在离竹节 10 厘米左右一段削至约 0.33 厘米厚，在离竹节 5 厘米左右的一段削至 0.33 厘米以下。同时还要把竹片的两边削成刀刃的锋口，使竹片呈剑状。削好后再用细砂纸摩擦光洁即成。

（8）针钻　是用来划边、挑扬杂物、打眼用的工具。针钻用一枚七号缝衣针包裹在宣纸条内制成。纸条长约 33.3 厘米，宽 5～6.7 厘米，一头抹上浆糊，把有针眼的一头包在纸内，露出针尖部分长 1.65～1.98 厘米，然后把纸条卷起来，卷得越齐越紧越好。卷紧的办法是用一小块木板压在纸卷上，顺势不断地向前推压。卷压时先轻后重，逐渐加力，一直卷到卷纸很紧时为止，如果一张纸条不够用，可再用一张纸条接着卷，最后用糨糊把它封好，外面绫绢料包裹着就成。

2．材料　水，糨湖，纸及绫绢等。

（1）水要清洁、干净，无其他混合物的淡水，自来水、井水、泉水均可用。

（2）糨糊是裱画的胶黏剂，要求用洁白、麸皮少的精白粉作原料，糨糊一般用 0.5 千克面粉加 2～3 钱研细的明矾调制，天热时明矾要多加些，天冷时则少加些。糨糊调好后，用冷水把棒和钵边上的糨糊洗下来，并把糨糊表面拍平，上面覆盖一层清水，把它浸没，以免表面硬结，又能防止糨糊变质，且不影响黏性。浸糨糊的水要经常更换。天热时最好每天更换一次。取用糨糊时，切勿乱掏，乱挖，首先要将水倒去，然后用竹启子劈取一层，或切取一块，放在小碗中调匀使用，留存在钵内的糨糊仍用水浸没，贮存备用。

（3）纸是裱画的主要原料。纸的品种很多，一般分为两大类，即手工纸和机制纸。书画的裱托只能用手工纸，主要是宣纸。作为挂图的裱托只能用机制纸，如新闻纸、胶版纸、有光纸、牛皮纸等。

（4）绫、绢都是裱画专用的丝织品，以作镶料之用。

（二）裱画的基本技法

1．托　托是裱画的第一道工序，简单地说，就是在画的背面衬托多层纸张，增强画的厚度和牢度。一般的托法又可分为四步：

（1）化水润纸　化水润纸是使纸张由干燥变为湿润的过程。材料准备：要调好浆水、配好托纸。浆水的调制是用稠糊加适量的水，慢慢调匀，调成豆浆状，放在盆内备用。配托纸，就是切裁衬托画芯背面的纸，其大小与画芯一样，也可以略大一些。并准备好洗抹布的水，擦干净工作台。化水润纸的目的是防止纸张夹皱或破裂。因为纸张的结构有紧有松，遇到水会产生不同的伸胀情况，宣纸结构松，吸水性能好，伸胀度也较大。不同的纸张要用不同的方法使它们润湿。一般描绘挂图的都是机制纸，结构比较紧密，吸水性差，伸缩度也较小。它们的湿处理是用排笔将水直接刷在纸上，也可用湿抹布涂抹。如果挂图是手工描绘、容易脱色的画，只能把水刷在反面，并注意台上的水滴，避免图的正面碰水；如果是油墨印的图，可以在纸的正、反面刷水。

（2）刷浆水　将已湿润好的画纸，平铺在原位置上，将它掀松，把浆水掏匀。刷挂图的浆水可以适当浓一点，用排笔蘸些浆水，按先中间、后四边的方法，有次序地平刷。有些纸在刷的过程中会产生气泡，这是正常的现象，可用针钻刺破纸张将空气排出。还应根据纸的帘纹刷，一般向横丝缕方向刷不易破碎，直丝缕方向容易刷碎。

（3）上刷托纸　涂刷上浆水的纸张平服地贴在台上后，将切裁好的托纸盖在上面，用糊帚有次序地把纸刷上去。上刷托纸的方法有两种：

①直托法　又称湿托法，事先把托纸卷起来，托纸的正面朝卷心，拉出一头，把托纸的上角与湿纸的上角对齐，上边及下边对齐，然后用糊帚顺着次序刷下去，排刷要紧密，边刷边放卷纸。此法适用于不脱色或不易脱色的画。

②飞托法　是先将托纸刷上浆水，再将画纸盖在托纸上，用糊帚轻轻地在画面上刷。在刷的过程中若碰到重色处，最好在上面盖一张干纸，糊帚在上面刷。全幅画面刷好后，再翻过来放在原处，下面要垫衬一张干纸，再用糊帚排刷结实。

（4）贴上板、揭下板　托好的纸张最后必须贴在板壁上晾干，这里要做拍浆、贴上板、揭下板的工作。

①拍浆　取一块长33.3厘米、宽20厘米左右的塑料布（布边要平直），中间放一些浆糊，对准托纸的边缩进6.6毫米宽距离，沿托纸边进行刷浆。但刷浆的宽度应根据画幅大小而定。

②贴上板　将已拍浆的纸提拎起来，把右上角粘在板上，从右到左先把上边贴牢，紧接着两手分别拿住纸的左右两边，轻轻地绷平纸张，慢慢地从上到下把两边贴牢，再把下面两角绷平，封好下边。但在下边应留出一个启子眼，便于揭下板。

纸张贴上板，不能马上拿出去晒太阳，或放在风口上吹，应该让它慢慢地晾干，才可吹、晒一段时间。

③揭下板　待纸张干燥后，才用启子把它揭下。揭时启子伸入启子眼中，慢慢地把下边捅开，再从下向上捅，一直捅到上边，然后整张揭下来。这样，托的工作就完成了。

2. 裱　裱是托的继续。教学挂图形式比较简单，裱的过程也不繁复，具体如下：

（1）切裁画芯、打裁镶料

①切裁画芯　挂图托好以后，就要把画的四边切裁整齐。要求上下、左右两边都要平行，四个角都成直角。

②打裁镶料　镶料是指镶、嵌在挂图四周的材料，多用托好的绫、绢、纸等材料。切裁的方法与切裁画芯一样。

（2）镶嵌　镶就是把裁好的绫绢纸料，连接在画芯的周围；嵌就是在镶料中挖去一个比画芯四周略小半分（作浆口粘贴用）的相同形状，把画嵌在中间。所以镶和嵌都是为画芯镶边，但镶用料省。镶画时，一般直的挂图，先镶两边，再镶天地头。如果是横的挂图，先镶天地头，再镶两耳（即左右边）。在裱的过程中经过镶嵌后都要卷边。卷边时画的反面向上平铺在干净的台面上，靠近台的边缘，用尺沿着画卷边缘缩进3.3毫米左右的地方，把尺压紧，并用针钻沿着尺划出折痕，一段一段地划过去，然后用刷子刷一些糨糊，沿着折痕粘起来，这样就把两条边都粘好了。在天地头处要将绫绢料翻起，朝正面折起1.32～1.98厘米宽的折痕，并在折痕线以下涂糨糊贴上纸条，形成夹口。

（3）复画　在镶好的画轴背面多粘几层托纸。

①材料准备　配齐复背纸，在切裁复背纸时，最好裁一层是直丝纹的，另一层是横丝纹的，这样互相间隔裱托，画轴就比较平服。同时要准备好包首和搭杆。包首是贴在面头上的一小块绢，起到保护作用。搭杆是贴在画轴地头的复背纸上，增加画轴地头夹口处复背纸的牢度。材料准备后，台面要擦干净。

②上复背纸　把复背纸托在画轴上，这就是复画。大致方法如下：把两层复背纸托好，上下两层纸的边对齐，刷牢，并把包首拼接在复背纸上，绢面向下，接缝在 3.3 毫米左右。接好包首后，用排笔蘸浆水连同复背纸一起刷上浆水。

（3）上画幅　先在画幅上刷些水湿润一下，使整个画幅受一点水气，但不能产生夹皱的情况。上画幅时将上夹口纸与包首对齐，同时将包首两边的边卷好翻折起来，放在夹口纸下面，抹上一点浆糊，将绫绢与包首粘合起来。

（4）排刷与贴搭杆　画幅的排刷是很重要的一环，关系到画轴的平整和结实，做到顺刷与笃缝，使复背纸与画幅中间没有空隙。搭杆贴在地头下夹口的复背纸两边。

做好上述工作后，把画幅贴在贴板上，贴时画幅不能有折曲的痕迹。贴画时正贴反贴都可以，要贴得平整。上板后三五天就干燥了，如能多贴几天更好。

3.装　装是裱画的最后一道工序，应当配一样的上杆与下杆。杆是小木条，木条的长度是画幅的宽度。木条的两头用绫绢包好，再装上、下杆。装杆时将画的夹口扳开，用手指蘸上浆糊，涂在夹口纸上，将上杆放入夹口内粘牢，然后再衬上一张纸用手把杆面捋平，使它粘得更牢。装好上杆后，待稍干后就可以穿绳、封绳和贴签。下杆的装法相同，只是省去穿绳、贴签等工作。挂图装好完成。

第四章　鱼类标本的制作

第一节　鲫构造及骨骼标本的制作

一、鲫构造特点

（一）消化系统

一般，鲫的消化系统由消化道和消化腺两部分组成。

消化道包括口腔、咽、食道、胃、肠和肛门等。

口腔由上颌和下颌组成，舌不发达，位于口腔底壁，不能活动。口腔里无牙齿。牙齿生在咽部的两侧，呈磨盘状，叫做咽头齿，能磨碎各种带有硬壳的食物。

鲫食道很短，胃和肠没有明显的区分。胃较大，能贮存和消化食物；肠细长直达肛门，具消化和吸收的功能。

消化腺散布在消化道之间，不成叶状，不分肝脏和胰腺，特叫做肝胰脏，能分泌各种消化酶，帮助消化食物。在肝胰脏上有一个暗绿色的胆囊，呈椭圆形，里面的胆汁经胆管进入胃。

一般，鲫的鳔呈银白色，由两个室组成，里面贮有氧、氮、二氧化碳等气体。它位于体腔背部，消化道的背侧，是由管道分化出来的一个小芽体发育而成，有鳔管与食道相通。

当鳔里充气而膨胀时，可使鱼的体积增大，比重变小；当鳔收缩时，可使鱼的体积变小，比重增大。因此，鳔能帮助鱼体在水里浮沉，是鲫适宜水中生活的重要器官。鳔的功用很多，如有的能帮助鱼体感知水压的变化，为一种感受器，有的能辅助呼吸或发声等。也有一些鱼没有鳔，如鲨鱼、比目鱼等。

（二）呼吸系统

呼吸器官是鲫的鳃。鳃位于头部两侧鳃盖的里面。每一侧有四片鳃，每一片鳃又分成两个名瓣。鳃瓣分鳃弓、鳃耙和鳃丝等。

鳃弓呈弓状，由数块软骨构成；鳃耙位于鳃弓上，呈耙状；鳃丝位于鳃弓的腹侧，呈丝状。鳃丝里有许多毛细血管，当水经过鳃丝对，溶解水里的氧进入毛细血管，随着血液的流动，输送至身体各部。血液里的二氧化碳，则由毛细血管排出，随水流出体外。

鲫在水里生活时，每片鳃瓣上的鳃丝都完全张开，扩大和水接触的面积，增加气体交换的机会。近年来，用扫描电镜观察的结果，鳃丝表面不是平滑的，而由许多微凹构成。使我们认识到，这不仅进一步扩大了鳃丝和水接触的面积，而且使鳃丝里的毛细血管更接近水，对鳃进行气体交换十分有利。

在呼吸动作上鲫不是用口把水吞入鳃里，而是由鳃盖的运动来完成的。鳃盖能够向外张开，也能向里闭拢。鳃盖边缘有皮质鳃膜，当鳃盖张开时，鳃膜由于体外水的压力，紧贴在头部后缘的体表上，使鳃腔里构成真空状态，水即由口外流进鳃腔。当鳃盖闭拢时，鳃腔里的水由于鳃盖的压力。冲开鳃膜而流出。如此不断地进行，水就可以川流不息地从口进入鳃腔，保证鳃丝能够经常和新鲜的水接触。完成气体交换的作用。如果注意观察生活在水里的鲫，即可看清楚鳃盖和鳃膜互相协调的运动。

（三）血液循环系统

一般，鲫和其他的鱼类一样，血液是在血管里流动的，这种循环方式称封闭式的循环，跟节肢动物等血液循环方式不同。循环器官包括心脏和动、静脉等。心脏位于体腔的前端，鳃的下方，由一个心耳和一个心室组成。心耳在心室的背面，壁比较薄，和心室相通；心室壁较厚，前方有一个膨大的动脉球。身体各部分含二氧化碳和其他物质的血经静脉返回心耳进入心室，心室收缩把血压出，经腹大动脉流进鳃里完成气体交换，汇合到背大动脉，把含氧的血和其他物质运输至身体各部。

由上述可以看出，鱼类的血液循环系统属单循环，循环途径比较简单。

在血液方面，鲫呈淡红色，内含大量红细胞。红细胞具细胞核，属原始型。除少数种类外，鱼类的新陈代谢一般都比较低，体温不高，随外界环境的变化而改变，属变温动物。

（四）排泄系统

鲫的排泄器官比较简单，有肾脏一对，呈暗红色，位于体腔背部的两侧，靠近鳔的旁边，各有一对输尿管和尿殖孔相通。

（五）神经系统和感觉器官

一般，鲫的神经系统包括脑、脊髓和神经。脑在脑颅内，分大脑、间脑、中脑、小脑和延脑五部分。大脑比较小，前面有两片嗅叶，小脑和延脑比较发达。

脊髓在延脑的后面，贯穿在脊柱的髓管腔里，髓管腔由棘突组成。神经由脑和脊髓发出，分布在身体各部。在感觉器官上，鲫包括嗅觉、听觉、视觉和侧线等结构。鲫嗅觉器官为一对盲囊状的嗅囊，只有外鼻孔和外界相通。听觉器官只有内耳，位于脑颅内的两侧，每一个内耳由三个半规管、椭圆囊和球状囊组成，主要属平衡器官，听觉作用不大。眼位于头部的两侧，无眼睑和泪腺，眼球的构造和其他脊椎动物近似，但角膜比较平坦，水晶体呈圆球状。侧线是鱼类一种特殊的感觉器官，呈管状，位于真皮里，有许多小分支穿过鳞片开口于体表，这些小孔排列起来成为一条点线。管内充满黏液，并有神经末梢形成的感觉器浸润其中。近年来电子显微镜下观察，发现它的结构复杂，包括有不同的纤毛和感受细胞等。鱼类利用侧线可感知水压大小、水流方向、水流速度、水中物体的位置及其他各种变化。

（六）生殖系统

一般说来，鲫是雌雄异体的动物。雄鱼有乳白色的精巢一对，位于体腔里消化道的两侧，能够产生大量的精子。成熟的精子由输精管经尿殖孔排出体外。雌鱼有黄色的卵巢一对，位于体腔里消化道的两侧，内有大量的卵。在产卵期，卵巢体积很大，约占体腔的1/2。

成熟的卵由短的输卵管经尿殖孔排出体外，鲫在春夏之交繁殖，成熟的亲鱼多选择在水草比较茂盛的地方产卵排精。成熟的卵在水中和精子相遇，举行受精。这种受精方式叫做体外受精。鲫的卵属黏性卵，卵受精后，外面的卵膜膨胀成为一个透明的圆球，黏着在水草上进行孵化。

每次鲫产卵的数量很大，其怀卵量多的可达十万粒左右。卵在体外受精、孵化，很容易受到各种不利的外界条件影响和敌害的侵袭，由于它产大量的卵，才保证了种族的延续。这是鲫长期适应自然环境的结果。

二、鲫骨骼标本制作

（一）鲫的选择

鲫骨骼标本的制作取材方便，用具和药品也少，可自行制作。但是，由于鲫骨骼较多且细小，特别是头骨，不但数目多，骨骼之间的连接也不紧密，因此，标本制作难度较大，不易掌握。如果在标本制作过程中能够准确把握每个环节的处理程度，可以制作出高质量的标本。

（二）鲫骨骼标本的制作

1.将鲫小心去掉皮肤、肌肉、内脏，仅保留鱼骨骼和鱼鳍。 要使骨骼和鲫鳍保留正常状态，还必须保留连接骨骼和鲫鳍及鳍条间的韧带。处理时用开水煮烫材料，便于剔除肌肉和鲫皮肤。方法是：用大口锅盛水烧开，并保持沸腾状态，两手戴干棉手套，以防水蒸气烫伤手，双手分别握住鲫头和鲫尾，将鲫躯干部分浸入沸水中，先烫一侧，2～3分钟后再烫另一侧，时间相同，最后将整条鲫全部浸在水中，约1分钟后捞出。制作骨骼标本的鲫应尽量选取年龄大，骨骼硬化好且新鲜的。腐烂的鲫由于骨骼之间，特别是肋骨与脊椎之间的韧带常常已被破坏，制作标本时容易散落，散落下来的骨骼组装非常麻烦，并且做出的标本效果也差，利用价值小，因此，应避免使用不新鲜的鲫作材料来制作骨骼标本。

2.热处理的程度与标本制作的质量好坏有密切关系。 热处理时间过少则剔除肌肉时费事且效果不好，过多则骨骼之间的连结韧带易被烫熟，骨架易散落而难以组装，因此，应注意以下问题：

（1）热处理的时间长短应视鲫的大小而异，大鲫时间长，小鲫时间短。若鲫鳞较大，可先用刀把鲫鳞刮去，然后再烫。

（2）整条鲫在沸水中浸烫的时间不宜过长，以刚好能撕下头部皮肤为度。时间长了头部骨骼和鲫鳍易被煮坏而脱落。脱落下的头部骨骼是不易修复原位的。

（3）从沸水中捞鲫应用笊篱或其他合适的工具，直接牵拉鲫头、鲫尾或鲫鳍则很易损坏标本。

（4）若不能掌握一次煮烫的程度，可在保证鲫头骨骼和鲫鳍不被烫坏的情况下的多次煮烫，即烫后剔去一部分肌肉，然后再烫一次。

3. 剔除肌肉　由于鲫的骨骼细小，不可能将骨骼、韧带处的肌肉全部剔除干净，但要尽可能剔除干净。腹中内脏要在腹壁肌肉去掉后再清除，不要损伤肋骨。剔除肌肉是一项细致的工作，不能粗心大意，要在了解鲫身体结构，特别是骨骼结构的基础上进行操作，要心细手轻，避免损伤骨架。剔除肌肉的顺序是先躯干部，再尾部，最后处理头部和鲫鳍。剔除肌肉时，要注意保护好鲫头、鲫鳍及鳍担骨，头部只去掉鳃盖骨外的肌肉，除特别需要外，鲫头部外层骨骼听覆盖的肌肉不要处理。

（1）粗剔　用镊子沿骨骼方向轻轻撕下鲫体腹尾部肌肉，只留脊椎及肋骨，不与脊椎相连的肌肉间小骨刺一同去掉。臀鳍的支鳍骨与尾椎的脉棘相连，应注意保护。要将腹鳍和腰带一同取下，单独剔除其肌肉和皮肤。体型较大的鲫可以用刀由背部向腹部割去大块肌肉，然后用刀、镊剔除附在骨骼上的肌肉。

（2）细剔　用小镊子和手术刀仔细地剔除附在骨骼上的小块肌肉，特别是头部后面和椎骨上面的肌肉，越净越好。不要让刀损伤骨骼，细小的部位可以用毛刷（最好用牙刷）在水中轻轻地刷去肌肉。

（3）处理头部及鲫鳍　这两部分主要是去掉皮肤。浸烫过的标本头部和鲫鱼鳍上的皮肤可以用毛刷刷去，头部骨骼外的肌肉可以用镊子夹去。鲫口和眼眶部位的骨骼细小，容易损伤，因此用刷要轻，去掉皮肤即可。刷鲫鳍的皮肤时，毛刷要顺着鳍条的方向，由内向外轻轻洗刷，以防弄断鳍条，造成不可挽回的损失。

4. 腐蚀肌肉　用刀、镊和毛刷很难把附在骨头上的肌肉剔除干净，剩下的少量肌肉要再用碱处理一次，使骨骼更干净。将标本浸入0.5%～1%的氢氧化钠溶液中浸12～24小时。处理过程中应经常观察标本的变化情况，待骨骼上残存的肌肉透明后，再继续处理，约相当于前面处理所用的1/4时间后即捞出，用清水浸洗，然后再用毛刷刷去残存的肌肉和皮肤。碱对肌肉的腐蚀作用很强，在碱处理过程中必须经常观察处理的进展情况。处理时间过长，碱会把连接骨的韧带、肌健全部溶化，使骨架变成一堆碎骨，失去利用价值，前功尽弃。

5. 脱脂

（1）脱水　将标本上的水沥干，经95%和100%乙醇各2～3小时，脱去标本中的水，或用自然干燥法脱水。

（2）脱脂　将标本浸入二甲苯或汽油中脱脂1～2天。

（3）复水　自然干燥后放回水中或经100%乙醇和95%乙醇回到水中。

6. 漂白　用过氧化氢（双氧水）2%～3%或过氧化钠0.5%的水溶液浸泡标本12～24小时，在标本开始发白时取出，用清水洗净。

7. 整形装架

（1）整形装架一步完成　取长度大于鲫总长1/3，宽15厘米，厚1.5～2厘米的木板作为台板。将鲫骨架放在台板中央，在台板上标出鲫头后缘、腹鳍和尾鳍三个部位的位置。在台板上标出的三个部位上打0.2厘米的小孔。用直径0.1厘米的细铁丝缠绕脊柱的前后两个部位及腹鳍，然后固定在台板上。由于没有干的标本易变形，装好后的标本还要在背鳍、脊柱上系 4 ～ 5 根棉线，向上拉起，使标本呈自然状态。等标本干燥，形状固定后去掉棉线即可。

（2）先整形后装架　取大于鲫长的泡沫塑料板或软木板及许多长针（牙签也可）。用两根针前后卡住鲫头，把鲫骨架吊在泡沫塑料板的一侧，变形的部位用针固定成自然状态。干燥后去掉针，取下标本进行装架。在台板上标出鲫头后缘、腹鳍、尾椎中部三个位置，打上直径为 0.3 厘米 的小孔。取同样粗的竹签插在小孔中，用标本分别确定三个支柱的高度，截好后将上端切成平面，加上一滴万能胶（或明胶），然后轻轻放上标本。临时固定标本，干胶后去掉固定架即可。

三、大鱼头骨标本的制作

（一）材料的准备

1. 药品　5%福尔马林、75%、95%酒精，2%氢氧化钾，30%、40%、50%、60%、70%、80%、100%甘油，0.2%茜素，麝香草酚，30%过氧化氢，乙醚或氯仿，1%、5%氢氧化钠，火棉胶。

2. 工具　剪刀，解剖刀，标本瓶，培养缸，盛放骨骼标本的玻璃盒或展板支架，铅丝等。

（二）标本的制作

1. 大鱼软骨性头骨浸制标本　取大鱼新鲜材料或用 5%福尔马林浸制标本，后者最好在剥制时先用清水浸几天，使固定液冲淡，以免影响剥制人的健康，先弄清大鱼头骨的结构，剥骨骼时做到心中有数。

在大鱼头骨上可分成脑颅与咽颅两个部分，且各种大鱼的咽颅与脑颅连接方式不完全相同，剥头骨时需特别小心。制作步骤：去皮、剔肉、除眼球、去吻部疏松骨等，接着从头骨后端的枕骨大孔挖出脑，最后，细心地剥离板鳃，但不能把支持板鳃的软骨鳃条拉掉。头骨仍保存在 5%福尔马林中。

2. 小鱼虾透明骨骼标本或胚胎软骨标本　均可不剔除肌肉，通过以下制作方法就能够看清骨骼的结构。

（1）剥皮、去内脏、挖掉眼球（不去内脏也可以），用水洗净。

（2）整形后，浸入 95%酒精中，固定一周。

（3）浸入水中，每天换水 1 次，共 3 天。

（4）放在 2%氢氧化钾溶液中，腐蚀 2 ～ 7 天(随室温、个体大小儿变化)，以看清肋骨为度，注意不能腐蚀过度。

（5）顺次在 2%氢氧化钾溶液与 30%甘油（3∶1）的混合液，40%、50%、60%、80%甘油、纯甘油（Ⅰ）、（Ⅱ）中各透明几周，再保存于纯甘油中，即为透明的骨骼标本。

（6）如果要把骨骼染成紫红色，可以在 2%氢氧化钾中腐蚀后，浸入 0.2%茜素中，经2 ～ 3 天，使骨骼呈深橙色，但肌肉也被着色，因此，需经过 3%过氧化氢处理后，在阳光下晒 2 ～ 3 天，使肌肉褪至粉红色。

（7）再换一次纯甘油后，肌肉不着色，加入一粒黄豆大小的麝香草酚作为防腐剂，瓶口用火棉胶封固。鱼、虾、蛙、蛇及小动物胚胎，均可用以上方法，不过时间作适当调整就行了。

鱼 的 欣 赏

家养维纳斯鱼

家养虎皮鱼

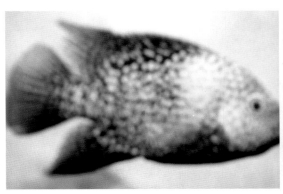

德州豹观赏鱼静游姿态

熊猫神仙观赏鱼静游姿态

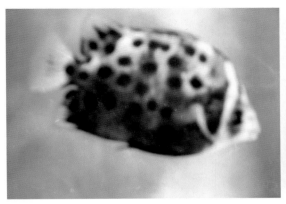

金鼓观赏鱼静游姿态

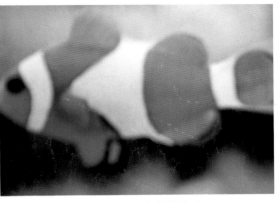

公子小丑观赏鱼静游姿态

红尾玻璃观赏鱼静态姿态

铅笔鱼静游姿态

四、蛇骨干式标本的制作

蛇的骨骼标本制作能满足小孩子的恐龙骨架情结，若摆在书桌旁真漂亮。

蛇杀死时不要伤害骨骼，用剪刀剥去所有皮肤，除去内脏。然后，把蛇放进热水中煮数分钟，使肉软化。接着，取出蛇，小心地用钳子把肌肉除去，但不要把胸剖肋骨上的软骨弄断。可以整体来做，也可以分成头，躯干和四肢分别处理。接着，把骨骼放在三个容器中（分别载入头、双手及双脚），注意要标明容器中骨骼的名称。跟着放入5%明矾溶液于容器中，以火加热5～7分钟，借此去除附在骨骼上的结缔组织。之后把明矾溶液倒去。对于四肢趾骨上的腱，更要细心地把每一个趾骨上的腱和肌膜刷去。当把大部分结缔组织除去后，挤出脊髓，以防把每节脊椎骨掉乱。

将骨架晾干后浸泡在汽油中2～3天脱脂，取出使汽油挥发，再把骨骼放在水中洗净，接着把骨放回容器中，并加入10%双氧水，浸1～2日。

最后整形，即是把骨骼按照原来的位置以胶水连接起来，暂时用蛇丝支持着，放在焗炉中弄乾，取得固定。先在脊椎骨内穿一根适当粗细的细铜丝，随着体形加以弯曲，再把颈骨和头骨连接起来。肩胛骨用蛇丝和第七肋骨连接起。后肢如已与身体脱离，可以用蛇丝连接在肠骨的髋臼上。头骨和下颌骨用蛇丝绕成小弹簧连接，使上颌骨以活动。连接好整个骨架放在预先做好的支架上，把骨骼做成一个能够表现动作的姿势，然后放在焗炉中弄乾，最后装在黑色的台板上，就是一架洁白的骨骼标本。

蛇 标 本 欣 赏

赤脚蛇标本

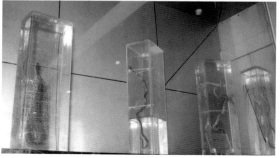

蛇浸制标本

鱼 的 欣 赏

花鱼绘画艺术

家养红龙鱼

熊猫神仙鱼标本

家养红龙鱼

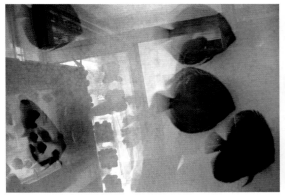

家养七彩神仙鱼

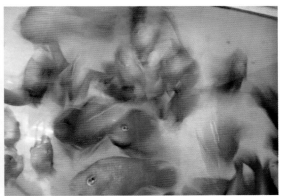

家养血鹦鹉

骏马图国画标本

养鱼池水草

鱼池水草

虎狮戏珠木雕标本

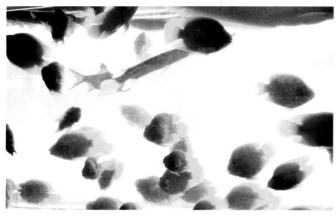

家养血鹦鹉鱼

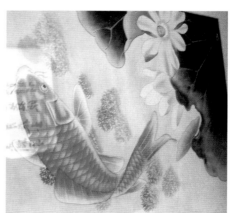

鲤鱼欢春国画标本

第二节 常见水产品整体剥制干式标本的制作

一、 团头鲂剥皮标本的制作

（一）制作流程

制作工艺流程：材料的准备→体型测量→动物致死→剥皮→腌制→装支架→填充与缝合→装标本台架→整形与陈列。

（二）制作步骤

1. 先应准备好水盆、剥制器材、手术器械、油灰泥、义眼、腌皮粉、棉花、铁丝、标本台架等。将淡水团头鲂鱼从盆里取出后，放在台板上。

用纱布包裹鲂头，右手用探针破坏心、脑使鱼致死

用纱布按裹鱼背，右手在鳊胸腹下纵切8厘米切口

用腌皮防腐粉把鳊皮下反复擦拭

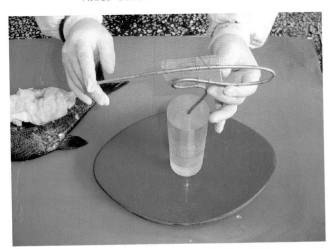

用粗铁丝和方木块做好P型鳊支架并固定
在鱼标本合板上

2．用探针刺入淡水团头鳊脑使其致死，或用湿纱布包裹鱼头轻按鱼嘴及鳃部，使鱼窒息致死。淡水团头鳊死后，要检查其腹侧切口的位置，观察鱼体鳞片的完整情况。

3．淡水团头鳊剥皮时，用手术刀在鱼体腹底侧，从鱼胸鳍下前后到肛门处，纵行切开5～8厘米切口。操作者掏出鱼鳃及胸腹腔的内容物，放在污物杯内，并及时用湿纱布擦去鱼体血迹，保持鱼体清洁。

4．用手术刀小心除去淡水团头鳊肉、骨。仅保持鱼皮、鱼鳞、鱼鳍的外观完好无损。再将鱼两侧的眼睛分别取出。将腌皮粉按一定的比例进行配制，腌皮粉是动物标本制作中的防腐剂（有毒，可以防虫、防蛀）。操作者要注意戴口罩和乳胶手套进行自我防护。

5．在淡水团头鳊皮下颈部、胸部、腹部和尾部均匀地撒上一层腌皮粉，再从鱼鳃、口腔内洒上腌皮粉，将淡水鱼头腌制。根据淡水团头鳊的体型大小，用一个小方块和P型铁丝构成鱼模型支架。淡水团头鳊支架制作时，可根据实际需要，调整好支架的适当角度。用配好的油灰泥将鱼眼眶和鱼鳃内空隙填满。根据淡水团头鳊大小，选用合适的义眼分别插入鱼左、右两侧的眼眶内进行固定，用止血钳夹住每一小块干棉花，在鱼皮下支架的表面进行填充，以后根据鱼原来体型及肌肉丰富程度，再适量补填一些干棉花，使标本做理逼真、有精神。

6．用"4号医用"缝合线，将淡水团头鳊腹底壁切口进行连续缝合。把鱼支架下端固定在标本台柱上，进行鱼体整形，使鱼鳍、鱼尾保持原来自然姿势，用电风扇吹干或放置防凉通风处，经3～5天自然风干后，刷上清漆，淡水团头鳊鱼标本就可以长期保存。

将铁支架装入鱼体内并用棉花适当填充

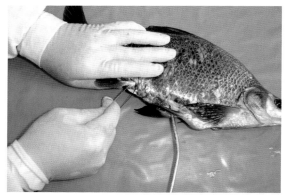

安装义眼并用医用针线缝合好鱼腹下切口

鳊标本装架整形，表面反复涂刷清漆，风干

三角鲂鱼标本

海鱼干制标本

鱼标本图示

鲸鱼标本

鳜标本

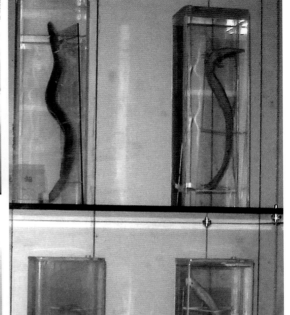

七鳃鳗标本

黄鳝标本

大鲤干制标本

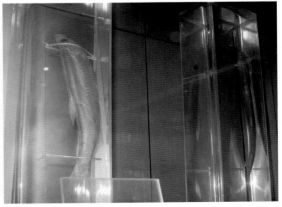

白鱼标本

二、大鲢和鳄鱼标本的制作

（一）工具和材料

1. 工具　解剖刀、解剖剪、骨剪、镊子、老虎钳、针、线等。
2. 材料　防腐剂（砒霜、樟脑、肥皂混合）、义眼、胶水、厚板纸、回纹针、铅丝等。

（二）采集和整理

用于剥制的鱼体，体型中等、外貌美观是最适宜的。挑选时，要察看鳍条是否完整，鳞片有否脱落，鱼体有否损伤。最好是选择活或刚死不久的鱼。鱼体选好后，先用水冲洗，特别要把口、鳃内的污物洗净。冲洗的时候，水要从头部往下冲，不能倒冲，否则会把鳞片冲脱。洗好后，如果是活鱼，应把鱼提离水面，使之干死。然后，用尺和圆规测量鱼的身长、胸围、腹部，并做好记录，以便制作标本时作为参考。

准备适当体型且美观新鲜的鲢　　　　准备鳞、鳍完整无损的活鲜鲢

（三）标本的制作

1. 剥皮　剥皮是把鱼体内一切不需要的内脏、肌肉和骨骼清除干净。剥皮时先在解剖盘内铺上一块湿毛巾，以减少鱼体与其他物体的摩擦，避免鳞片脱落。然后，用解剖刀在鱼体腹面腹鳍前端插入，再直线向后剖切，经过肛门绕过臀鳍直到尾鳍，将腹部切开。接着，用骨剪把腹鳍骨、臀鳍骨剪断，打开腹部，取出内脏，并把鱼体洗净。再用解剖刀从腹部向背部渐次使皮肉分离，分至背鳍基部时，用骨剪或剪刀仔细地把肌肉截断。剥到尾部时将尾鳍前的尾椎骨切断。然后，将皮内的残存肌肉和骨骼修剪干净。修剪头部时要特别注意，如果把头骨剪坏了，那就前功尽废。

修整头部的步骤是：①清除头骨内的残存肌肉。②将鳃剪去。③挖去眼球和球窝内的肌肉及脂肪。④挖出脑髓。

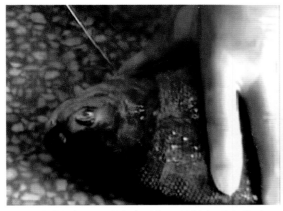

用蛙针将鱼心、脑彻底破坏，使鲢鱼无血致死

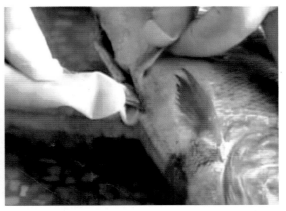

用手术刀从鲢胸鳍至肛门处纵行切开6～8厘米

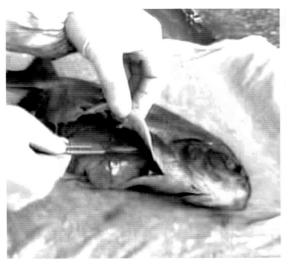

用手术刀剥去鲢皮下骨、肉、内脏及异物

将鱼头皮下脑骨内外肉、脑汁一并取出

配制樟脑、枯矾石膏及三氧化二砷等腌皮防腐粉

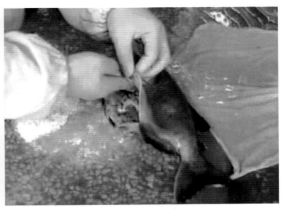

用把腌皮防腐粉反复涂擦鱼头颈部

再用腌皮防腐粉反复涂擦鱼后腹尾部

用粗铁丝制成P型链铁支架

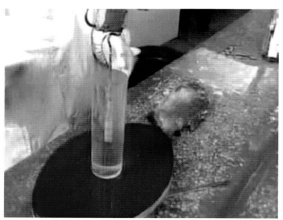

用粗铁丝和方木块做个P型鱼模并能固定铁支架

使P型鱼模铁支架与底座角度小于90°，做成鱼头低、鱼尾高的姿态

用P型鱼模铁支架顶端插入鲢头枕骨大孔内固定

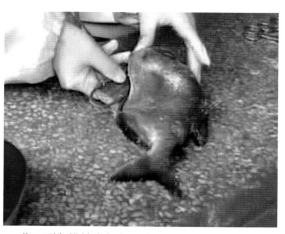

将P型鱼模铁支架中后端放入鲢皮内整体固定

2. 整装　取铅丝一根，其长度等于鱼体身长，将其前端固定在头骨上，后端插入尾部的中间。然后，在这条铅丝上安上两条铅丝，做成标本铅丝脚，前肢的位置装在胸鳍的下面，后脚装在肛门的前面。标本铅丝脚露出鱼体的长度一般和鱼体的高度相等。在鱼皮里边涂上防腐剂，头部稍微多涂一些。涂后用棉花填塞在鱼体内，至鱼体与原来的胖瘦一样为止。然后，用针线从尾部起缝合切口，缝到鳍骨基部时，要另加少量棉花塞紧，一直缝到前端腹鳍下刀口处收口。缝好后，把标本脚的下端固定在木板上，使它直立。

将油石膏泥填满鲢头内空腔

在鲢头眼眶内安装合适义眼

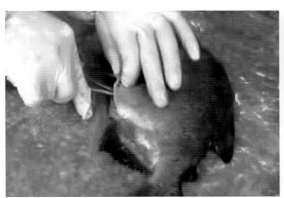

在鲢支架与皮下空隙处填充适量的干棉花

在鲢标本的胸腹下缝合切口

鱼标本装架与整形

鲢标本做好后外表涂刷清漆

3.整形 整形时以这条鱼的原来尺寸为标准。其方法是用两手轻捏鱼体，使鱼体内的假肌肉均匀，鱼体的形状与原来的形状相同，再装上义眼。然后，用厚纸板按每个鳍条的形状各剪两片，把鳍条拉开，两边各衬纸板一片，再用回纹针夹住，以防止鳍在干燥过程中收缩。这时，便可放在通风的地方阴干，切勿放在阳光下晒，一般需要一周便可干燥。标本干燥后除去鳍部的厚纸板，用毛刷刷去鱼体上的残屑，在缝口的地方，用石膏粉和胶水调和后填补好。然后在鱼体表面涂上光油或松节油使它光亮。

将注册标签贴于鲢标本台架处

将制好的鲢标本整姿、风干、保存

扬子鳄标本腹姿整形

鳄鱼标本图示

扬子鳄标本制好后装架整形

鱼标本图示

奔跑长尾鳄鱼

扬子鳄标本

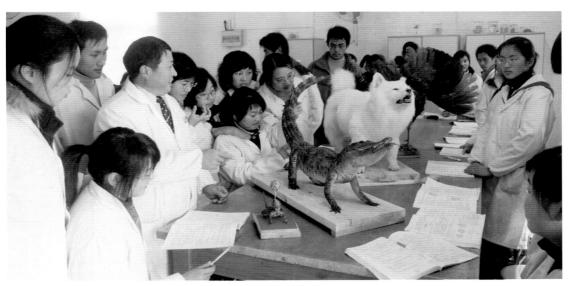

龟、鳄鱼、犬及孔雀干式标本用于教学

大黄鱼标本

中华鲟标本

三、鳖、龟标本的制作

（一）材料的处理

在鳖（或龟）宰杀时要仰卧保定，先把止血钳放到鳖（或龟）口旁，让其紧紧咬住不放。将鳖（或龟）头颈提出，让助手保定。操作者用一只手迅速压住甲壳，不让它翻起；另一只手抓住探针，从鳖（或龟）颈腹侧刺入头部枕骨孔内，将鳖（或龟）大脑彻底破坏再用探针从鳖（或龟）的胸前口处刺入，破坏心脏，使鳖（龟）致死。

家养观赏龟

（二）标本的制作

1. 用手术刀从鳖（或龟）的胸前口背腹甲之间，沿着骨板间隙韧带纵行切开 3 ～ 4 厘米长的切口。用剪刀和止血钳掏出肌肉、脂肪、软骨及内容物。从切口处用剪刀将颈椎骨剪断，再把鳖（或龟）颈部和头部皮肤慢慢剥离，只保留鳖（或龟）皮和头骨，其余部分必须清除掉。用止血钳夹上棉花，把鳖（或龟）脑浆、残液清除干净。再用一些棉花将鳖（或龟）胸腹腔内残液清除掉。用同样的方法把四肢肌肉和尾肌剔除干净。

2. 用腌皮防腐混合粉从切口内，将头、颈、胸、腹部分别涂擦 1 ～ 2 遍，起到杀虫、脱水、防腐、防湿作用。放支架时，要把支架末端铁丝插入鳖（或龟）尾部固定，支架中端固定其背腹甲，将鳖（或龟）皮内翻恢复原状后，用止血钳将头部拉出，将头、颈部塞满油灰泥，把支架前端铁丝插入鳖（或龟）头部枕骨孔内进行固定。

陆龟寻食的场面

3. 鳖（或龟）标本制成后，进行适当整形，刷上清漆，贴好标签，让其自然风干后，就可以保存了。

盆裹丝网分养观赏龟

鳖存放于水桶内待用

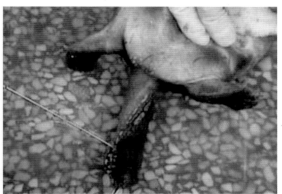

用探针刺脑使鳖致死

甲鱼标本制成后表面反复涂刷清漆并保存

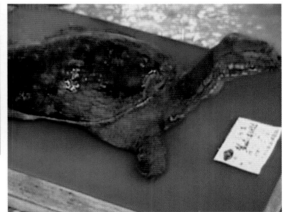

鳖标本装架并整形

甲鱼标本

龟标本

师生共制龟标本

龟 标 本 图 示

龟标本

龟干制标本

陆龟标本

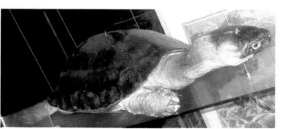

大型海龟标本

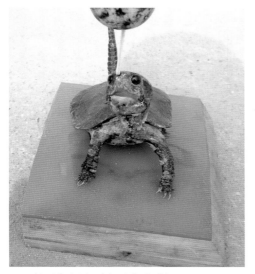

长尾龟标本（头尾姿造形）

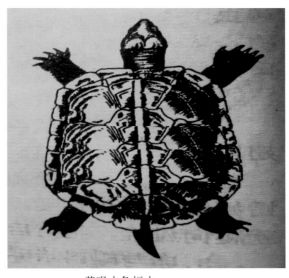

黄喉水龟标本

盆裹丝网分养观赏龟

大型海龟标本

龟顶球标本用于教学

四、蛙、蟹、虾标本的制作

（一）蛙标本的制作

1. 在制作特养蛙标本时，左手抓特养蛙保定，右手拿探针刺入特养蛙头枕骨孔内，将其大脑破坏。再用探针刺入其脊柱，对特养蛙脊髓进行破坏。

2. 将特养蛙致死后，从特养蛙颈、腹部，用剪刀剪开皮肤 3～4 厘米，进行特养蛙皮剥离，用剪刀将特养蛙四肢骨上的肌肉、躯干肌肉及内脏等全部除去，仅保留特养蛙皮和四肢骨的外观完好。

3. 用腌皮混合粉对特养蛙头、皮下和四肢骨进行腌制。安放支架时把铁支架的顶端插入特养蛙头枕骨孔内固定，把支架的末端插入特养蛙的四肢皮下进行固定。把特养蛙头、躯干及四肢皮下的空隙用油灰泥填满。用"4 号医用"缝线对切口进行连续缝合。

4. 特养蛙标本制好后，进行适当整形，贴上标签，刷好清漆，经数日风干。这样一个栩栩如生的特养蛙标本就可以陈列了。

（二）螃蟹和虾标本的制作

1. 制作螃蟹、虾标本时，一只手按住螃蟹、虾壳不动，以防螃蟹、虾伤人，另一只手用探针缓慢刺入螃蟹、虾的脑和心脏进行彻底破坏，使螃蟹、虾致死。

2. 螃蟹、虾致死后，将外壳用镊子和手术刀慢慢剥离，仔细掏除螃蟹、虾甲壳内的肌肉、软骨、内脏及内容物，仅保留螃蟹、虾壳形态。用同样的方法分别把螃蟹、虾四对肢上的残肉和残液清除掉。也就是从肢外壳的活动关节处，用剪刀剪开适当的小口，将残肉掏出。

3. 用镊子夹上小束棉花，将肢壳内的骨髓及残液清理干净。同样，再将螃蟹、虾螯内的肌肉和残液从活动关节处清除掉。用干棉球从切口处将螃蟹、虾螯内的残液清除干净。

螃蟹标本

4. 螃蟹、虾腌制时，用配制好的腌皮混合粉，从切口处将螃蟹、虾壳内空腔进行彻底腌制，再用油灰泥把螃蟹、虾壳内空隙填满，罩上螃蟹、虾壳并压紧，对螃蟹、虾进行适当整形，刷上清漆，贴好标签，放置阴凉通风处自然风干。这样，螃蟹、虾标本就可以陈列了！

这些动物牧医教学新艺干制标本，不仅反映动物的外貌、品种、器官位置、构造与形态特点，而且新艺干制标本具有有色无味、教学使用与携带方便、对人体健康无害等优点，还能丰富专业教师的教学内容，培养学生的兴趣爱好。为农、牧业兴旺发展培养出更多的优秀技术人才，作出重大贡献。

第三节　蛙血管铸型标本和肠切片标本的制作

一、蛙血管有色铸型标本的制作

（一）器材的准备

1．药品　乙醚、红色动物胶注射液（银朱少量，白明胶 10 克。配制时，先将白明胶在水中浸过液，再隔水加热至熔化，加入适量银朱，以颜色鲜艳为度，然后用玻璃棒搅拌均匀）、蓝色动物胶注射液（普蓝少量，白明胶）、黄色动物胶注射液（路黄，白明胶）。

2．工具　烧杯，水浴锅（也可用其他锅代），电炉，玻璃棒，注射器，丝线，眼科镊，针。

（二）标本的制作

蛙经乙醚麻醉后，心脏仍在跳动的，可以作为血管注射用，如果血液已经凝固，则不能用。

1．蛙动脉注射　剖开腹壁皮肤后，沿腹壁肌肉正中线（又称腹白纹，其背面有一条腹静脉隐约可见），稍偏左向前剪开肌肉层，并继续将胸骨正中剪开，再仔细分离盖于心脏的肌肉和结缔组织薄膜，心脏显露后，还须用眼科镊提起包住心脏的透明薄膜，用剪刀破围心薄膜，分离

观赏雨蛙标本

包在动脉圆锥四周的结缔组织，然后用针引一条丝线，用针引线的一端在动脉圆锥背面穿入丝线，扎结后，使心室血液不能流入动脉圆锥，用注射器将热的红色动物胶从动脉圆锥注入，注射量 3～5 毫升。待舌动脉显出已注入红色为止，停止注射，微冷却后，退出注射针头，以防色剂外溢。

2．蛙静脉注射　由于动脉血管充满注入的红色动物胶，使血流部汇集在静脉血管，为要再注入蓝的动物胶于静脉血管内，需用针刺一下心室，使血液从心室中流出，尽可能地在静脉系血液排除后，再从心室或腹静脉注入热的蓝色动物胶，注射量 7～8 毫升。

3．蛙肝门静脉注射　将黄色动物胶注射液，从肝门静脉注入，流入肝与消化系肝门静脉系统。注射后待充分冷却就可以观察。血管注射标本也可用 5% 福尔马林保存。

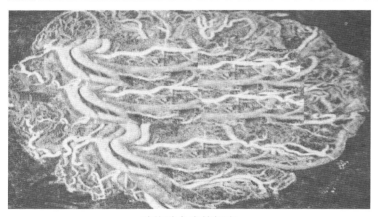

动物胎盘血管标本

其他动物基本与上述相似，但注射部位略有不同。鱼类不必用线结扎，从动脉球注入红色动物胶，表示动脉血管，还可以从尾柄部切去部分肌肉，找出尾动脉注入。鲨鱼除了从动脉圆锥注入红色动物胶外，还可以从体壁两侧面的侧静脉注入蓝色动物胶。鸟类和哺乳类则可以在心耳与心室之间扎线，从左心室注入红色动物胶，从右心室注入蓝色动物胶，由于对注射器加入强大压力，使原来的瓣膜系统都被冲垮。必须注意：针头尽量选用大一点的好；解剖时不要损坏大的血管；必须迅速注入热胶。当发现针头因胶凝固而堵塞时，要及时用铜丝疏通。

蛙 标 本 欣 赏

无斑雨蛙标本

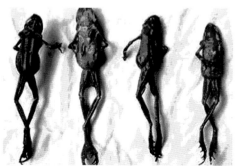

林蛙干制标本

二、蛙切片标本的制作

（一）器材的准备

1. 药品的准备　95%酒精，冰醋酸，0.5%曙红水溶液，福尔马林，二甲苯，氯仿，铬酸，明胶（粉末），石炭酸，甘油，石蜡，中性树胶，加拿大树胶，水合氯醛，苏木精，番红，亚甲蓝，固绿，碱性品红，酸性品红，结晶紫，偏重亚硫酸钠，高碘酸，酸性亚硫酸钠，硝酸银，氨水，焦性没食子酸，苦味酸，液体石蜡等。

准备活牛蛙

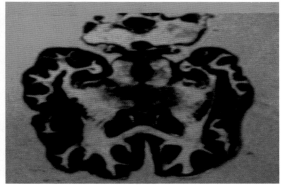
脑染色（横切）标本

埃利希苏木精液配制法：苏木精1克，100%酒精50毫升，冰醋酸5毫升，甘油50毫升，钾矾（硫酸铝钾）约5克（饱和量），蒸馏水50毫升。将苏木精溶于15毫升的100%酒精中，再加冰醋酸后，当苏木精溶解后，倒入甘油和100%酒精。另外，将钾矾在研钵中研碎并加热，然后将它溶于水中，将温热的钾矾溶液一滴一滴地加入上述染色剂中，若再加入0.2克碘酸钠，可立刻成熟，否则要4周后才能用（启盖，包纱布，置通风处）。

2．器具的准备　旋转式切片机，恒温箱，水浴锅，烫片台，熔蜡箱，切片盒，染色缸，切片刀，磨石，载玻片，盖玻片，培养皿，小指管及指管架，烘片架，蒸馏水瓶，细口瓶（棕色的，50毫升、100毫升、250毫升、500毫升各若干），滴瓶（棕色的），烧杯（50毫升、100毫升、250毫升、500毫升各若干），漏斗及漏斗架，树胶瓶，酒精灯，量筒（50毫升、100毫升、250毫升、500毫升），电炉（500瓦、1000瓦），三脚铁架及石棉网，天平，抽气泵，干燥器，解剖刀，镊子（直头、弯头镊子），解剖针，剪刀，毛笔，纱布，滤纸，骨匙，标签等。

（二）标本的制作

用断头法将蛙处死，迅速地放尽血，剖开腹腔，取出器官，切一小块，立即投入布安氏液固定1天，用水洗数次后，经脱水和洗去苦味酸、透明、透蜡、包埋、贴片、脱蜡、复水等过程，与蝗虫精巢制片分第1～8相同，但不必经媒染。经埃利希苏木精液染色15～20分钟，用蒸馏水洗去多余染料。用1%酸酒精分色数秒钟，自来水洗1分钟，或在自来水中冲洗变蓝色。移入蒸馏水中，15分钟换一次。用0.5%曙红水溶液染

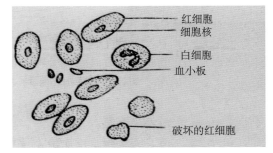
蟾蜍的血细胞
（红细胞、细胞核、白细胞、血小板、破坏的红细胞）

2分钟。在70%酒精中浸数秒钟。顺次移入85%酒精、95%酒精、纯酒精、等量纯酒精二甲苯混合液、二甲苯各2分钟，最后加一滴树胶封片，结果是细胞核蓝色，细胞质粉红色。

第四节　海水小动物标本的制作

一、贝壳标本的制作

（一）材料的采集

1.海水有周期性涨退现象，大约以 12 小时 50 分钟为周期，这就是通常所谓的潮汐现象。涨潮时，海水达到上限，退潮时，这个地带都露出在空气中，通常把波浪所达到的上限和低潮线之间的地带称为海滨。海滨的岩礁、泥涂、沙滩中生活着各种不同的海滨动物，有藏在管内的多毛类，有埋在沙石下的贝壳，还有生活在凸出于外海岩石洼地的海藻丛中的海胆等。我们必须在适当的时候，适当的地点，用适当的方法仔细挖掘，才能采集到海滨动物。我国沿海每天有两次涨潮和退潮，称为小潮；每月农历朔望前后 5 天，潮水涨落幅度最大，称为大潮。我们要按照潮汐规律，在开始退潮时，尤其是在大潮开始退潮时去采集为最好，但为了保证安全，必须在开始涨潮前返回。在海边潮水退下去的时候，海边地带的岩石、沙滩、泥滩都会露出来。在退潮时能露出来的地带叫做潮间带，潮间带便是采集贝壳的好地方。每逢旧历的初一和十五潮水涨落的幅度最大，潮间退出的面积也最宽大，所以在这个时候去采集标本，收获也会更大。如果想较确切地掌握各地的潮汐涨落时间和潮差，可以参看"潮汐表"，这样采集就很方便了。

圆田螺标本

海螺干制标本

海螺贝壳标本

涡牛虫壳干制标本

海螺壳干制标本

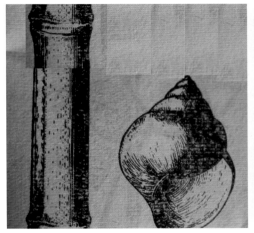

竹杆和圆田螺的绘画

海蛤贝壳干制标本

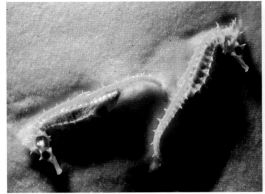

海虫石标本

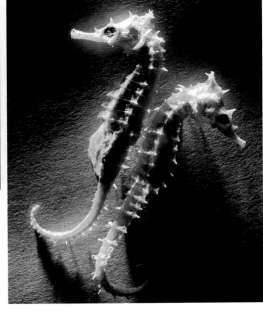

海虫干制标本

2.在海边采集贝壳标本时不需要很特殊的工具，只要带一个装标本的小桶和几个玻璃瓶，以及采标本用的镊子、铁锨、斧头、凿子等就够用了。镊子是夹标本用的；锨是为挖掘在泥滩、沙滩上凿穴生活的双壳类如缢蛏、蛤仔等而准备的；斧头、凿子是用来采集在岩石或珊瑚礁上固着或钻穴生活的贝壳的。为了能够采到各种类型的贝壳标本，我们还需要选择不同类型的海岸去采集。在岩石海岸，我们能采到石鳖、笠贝、滨螺、荔枝螺、牡蛎、贻贝等等；在珊瑚礁，我们可以采到各种鸡心螺、珊瑚螺、海菊蛤、石蛏等；在沙滩，我们可以采到玉螺、蝎螺、文蛤、斧蛤、竹蛏等；在泥滩，我们可以采到泥螺、青蛤、缢蛏、鸭嘴蛤等。不同的海岸栖息着不同种类的贝壳，如果了解贝壳的生活环境，要采到它就容易了。乘船采用一个带柄的网在水草中打捞，就可以找到很多

海螺干制标本

小的贝壳；采集蚌在水底生活的种类则需要用船在水底拖网采集。在陆上采集贝壳，只要到贝壳喜欢栖息的场所，如树林、草地、果园、菜园以及较潮湿、阴暗的地方去找，就一定会有不小的收获。

（二）标本的制作

1.贝壳标本的浸制就是把采回来的标本用酒精或福尔马林液泡起来，这样标本才不会坏掉。通常市上卖的酒精和福尔马林浓度都太高，直接用来浸泡标本是不行的，必须加水配制。市上卖的酒精大多是95%的，我们在70毫升95%的酒精壳里加入25毫升的水，配

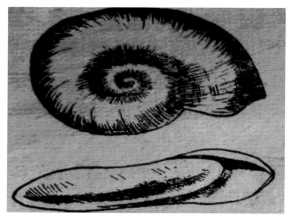

扁螺标本

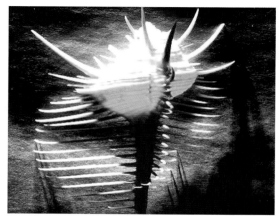

海虫标本

海齿蚌贝壳干制标本

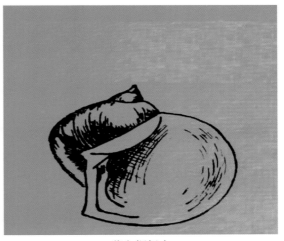

萝卜螺标本

成70%浓度的酒精，就很适合了。市上卖的福尔马林必须加水配成5%～7%的浓度才能用。凡是带贝壳的，尤其是贝壳很薄的标本，最好不要用福尔马林浸泡。因为贝壳主要成分是碳酸钙，福尔马林对它的侵蚀性较强，浸久以后标本就坏了。大部分标本在浸制时收缩得很厉害，如螺类和蛤类，它们的头部、足部都会完全缩在贝壳里面，并且把贝壳紧紧地关闭起来。要保存伸展时的样子，必须在浸制标本以前，先把采来的标本麻醉，然后再浸在酒精或福尔马林中，这样它就不会再收缩或者收缩很少了。麻醉标本的药品很多，通常我们用硫酸镁和薄荷冰。我们采到了一个海产螺类，打算让它的头部、足部露在外面保存，可把它养在盛海水的容器里，然后徐徐加入泻盐和薄荷冰，使它麻醉。经过一定时间以后，动动它的触角，如果不收缩，就可以把它浸制起来了。

2. 制作贝壳干制标本时，有的贝可以容易地把肉体去掉，有的贝肉体一下子不容易去得干净，必须让贝肉体自己腐烂掉。等贝肉体腐烂以后，只要用水一冲洗，就能得到干净的贝壳了。不论是浸制标本或干制标本，都应该标明标本的产地和采集的日期。

二、海水小动物浸泡标本的制作

（一）器材的准备

1. 药品的准备　福尔马林（37％～40％甲醛，一般用10％的浓度，即1份40％甲醛加9份水作为标本的固定液，5%的浓度作为保存标本的保存液），酒精（乙醇价格比福尔马林贵，但对一些细小、脆弱、含有石灰质外壳的种类，最好用70%～80%酒精保存，因为福尔马林保存时间延长后会形成甲酸，它与贝类石灰质贝壳、

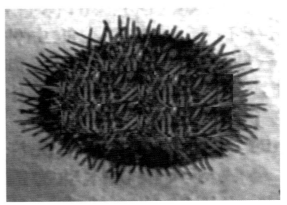

海胆干制标本

甲壳类甲壳会起化学作用，影响标本的保存），麻醉剂有薄荷脑结晶、水合氯醛结晶、硫酸镁（使动物由于麻醉药剂的作用，渐渐被麻醉而保持着生活时状态，然后再用固定剂）。

2.器具的准备　塑料桶，水网（俗称"网兜"），铁钩，镊子，竹篓，美生瓶（或广口瓶），解剖盘，铁铲，铁锤，凿子，量筒（或量杯），注射器，记录本，铅笔。

（二）标本的制作

1.海绵的制作　海绵附在岩石或其他物体上，需用刀片割取后，放入85%酒精中固定，再用75%酒精保存。

2.海葵、海仙人掌的制作　采集时要将活标本养在盛多量海水的瓶中带回，如时间较长，必须换几次海水，使其保持着生活状态。采集来的动物固定前先逐渐加入少量薄荷脑等麻醉剂，麻醉相当时间后（2～3小时），如用针刺不再有收缩反应，即可在海水中逐渐加入福尔马林，其量为养腔肠动物海水总量的1/10～1/5，即福尔马林溶液浓度达到5%～10%。而海仙人掌一般要延长到晚上才能伸展好，故可在晚间固定。珊瑚、水母和小型腔肠动物待伸展后，就可直接用大量浓福尔马林固定。

3.沙蚕的制作　采集来的虫体要分开放，以免虫体断裂。固定前，先将材料放在解剖盘内，洗净泥沙，养在少量的海水中，用3%酒精逐渐滴入或加入淡水，麻醉虫体，然后再用10%福尔马林固定，以5%福尔马林保存标本。

4.石鳖、螺类、贝类、乌贼的制作　将其活体直接放入10%福尔马林中，并立即用手指压在石鳖的背部，使虫体平展。一般螺类和贝类可直接固定保存，如果只要保存它的介壳，可将动物放入沸水中煮，去肉后洗干净、晾干，如壳上附有外物，可浸在10%盐酸中1小时，再用清水洗涤，并用硬牙刷除净。乌贼等大型软体动物需用淡水麻醉，待将死时，用75%酒精或10%福尔马林固定。

海星干制标本

5.虾蟹的制作　将它直接放入酒精中固定，附肢容易脱落，因此，必须用淡水或麻醉剂，使其失去活动能力，然后再固定。

6.海星、海胆的制作　可放在20%福尔马林中固定一周，然后阴干，制成干制标本。海胆可以在其活体内注入30%福尔马林。如为小型海胆可直接浸入固定液中，用10%福尔马林保存。

7.海参的制作　要用薄荷脑和硫酸镁两种药品同时麻醉2～3小时，然后镊住虫体后用10%福尔马林固定，再用注射器将20%福尔马林注入虫体内。

8.柱头虫的制作　先用水冲洗泥沙，然后用麻醉剂麻醉，最后用5%福尔马林固定。

第五节　金鱼及淡水小动物标本的制作

一、金鱼种类与标本制作

（一）常见观赏金鱼的种类

我国最有名的观赏鱼之一是金鱼。人们在天然水体中发现野生的红鲫鱼，将其移入鱼池中饲养。在我国，红鲫鱼经历了数十年的繁殖，并通过人类的选种和培育，通过池养、盆（缸）养等，逐渐家化成为现代品种繁多的金鱼。

一般来说，金鱼的品系大体可分为草种、文种、龙种、蛋种和龙背种五大类。

1.草种金鱼　外观体形似鲫鱼，身体扁平纺锤形，背鳍正常，尾鳍单一。草种金鱼分两型，短尾金鲫型和长尾燕尾型。

2.文种金鱼　一般身体较短，各鳍较长，有背鳍，尾鳍分叉为四；眼球平直不突出。名贵品种有鹤顶红、珍珠、虎头等。

文种金鱼分六型：头顶光滑为文鱼型；头顶部具肉瘤为鹅头型；头顶肉瘤发达包向两颊，眼陷于肉内为虎头型；鼻膜发达形成双绒球为绒球型；鳃盖翻转生长为翻鳃型；眼球外带有半透明的泡为水泡眼型。

3.龙种金鱼　外形与文种金鱼相似，不同处为眼球凸出于眼眶外。自古以来视龙种金鱼为金鱼正宗。龙种金鱼有许多品种，名贵品种有凤尾龙睛、黑龙睛、喜鹊龙睛、玛瑙眼、葡萄眼、灯泡眼等。

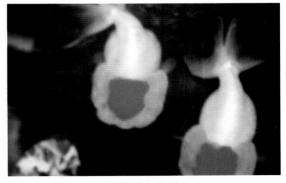

鹅头红观赏鱼静游姿态

龙种金鱼分七型：光顶光滑为龙睛型；头顶部具肉瘤为虎头龙睛型；鼻膜发达形成双绒球为龙球型；鳃盖翻转生长为龙睛翻鳃型；眼球微凸，头呈三角形为扯旗蛤蟆头型；眼球向上生长为扯旗朝天龙型；眼球角膜突出为灯泡眼型。

4.蛋种金鱼　外形与鲫鱼有较大差异。体短而肥，眼球不凸出，背部平直无背鳍。名贵品种有红蛋、绒球蛋、凤蛋、水泡眼、狮子头等。

蛋种金鱼分七型：尾短为蛋鱼型；尾长为蛋凤型；头部肉瘤仅限于顶部为鹅头型；头部肉瘤发达并包向两颊，眼陷于肉内为狮头型；鼻膜发达形成双绒球为蛋球型；鳃盖翻转生长为翻鳃型；眼球外带半

黄统金观赏鱼静游姿态

透明泡为水泡眼型。

5. 龙背种金鱼 外形与蛋种相似,不同处为眼球凸出于眼眶外。名贵品种有朝天龙、龙背、龙背灯泡眼、虎头龙背灯泡眼、蛤蟆头等。

龙背种金鱼分七型:尾短为龙背型;头顶具肉瘤为虎头龙背型;鼻膜发达形成双绒球为龙背球型;头呈三角形为蛤蟆头型;眼向上生长为朝天龙型;鳃盖翻转生长为龙背翻鳃型;角膜凸出为龙背灯泡眼型。

水洼、稻田、池塘、河流、湖泊、溪流等各种不同的生态环境里,生活着不同种类的淡水小动物。

(二)金鱼浸泡标本的制作

1. 材料选择 采集时选择体型较大、外观完整无损、美丽新鲜的活金鱼。

2. 标本制作

(1)金鱼浸制标本是把采集回来的标本用酒精或福尔马林液泡起来,这样标本才不会坏掉。可在80毫升95%的酒精里加入20毫升的水,配成80%浓度的酒精或将市售的福尔马林加水配成8%的浓度才能用了。也可以把搜集的金鱼用清水洗净后,将金鱼外观形态整理好,用线缚在透明玻璃片上,然后放在盛有固定液的玻璃瓶或玻璃缸里。固定液是用10%甲醛溶液和50%的酒精溶液各半配置而成,此种固定液可使材料不易收缩。

黑龙观赏鱼静游姿态

(2)金鱼在固定液里经过7~10天的时间,就变硬而定形了。把定形的金鱼取出浸入到装有10%甲醛溶液的玻璃瓶里保存起来,瓶口要盖严加封。注意做好标签贴在标本瓶的外边,瓶口可用石蜡密封,长期保存或使用。

观赏鱼图示

家养观赏鱼

家养小金鱼

龙鱼、红珍珠鱼

七彩花斑神仙鱼

观赏金鱼标本

鱼池石雕水草景色

家养观赏鱼

家养小金鱼

家养小金鱼

二、淡水小动物标本的制作

（一）淡水小动物的分布

1.淡水浮游小动物如变形虫、草履虫、轮虫、水蚤、剑水蚤等悬浮于水体中。

2.水螅喜欢在清洁水体中，在水草、石块上营固着生活，杭州西湖三潭印月等水池中就曾有发现。

3.真涡虫一般生活于清洁的溪流中，沿溪石下面爬行，捕食水蚤、小型蠕虫、昆虫等水生动物。

4.淡水扁螺及中华圆田螺在稻田及水洼等均有分布。

5.三角帆蚌和背角无齿蚌一般在河流、湖泊营底栖生活。

6.华溪蟹种类多，分布广，多在溪流中生活。

7.钉螺一般在近岸水的上限，浸不到水的地方，以很湿的地方为最多。短沟蜷螺则生活在溪流中。

8.蚂蟥大多数种类喜欢生活在稻田、水洼、池塘、湖泊等比较温暖而又隐蔽的浅水区，也有的生活在急流里。它们昼伏夜出，以动物血为食，又多属于好钙性种类，水体中含钙量的多少，是分布的重要限制因素。

轮虫标本

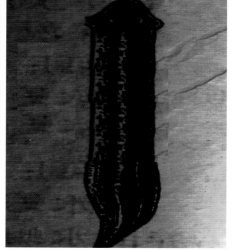

真涡虫标本

（二）浸泡标本的制作

1.在广口瓶内加入 1/3 容积的 10% 酒精，投入活的淡水小动物，盖好瓶盖后，用力振荡 3～5 分钟，小动物体即可伸展。

2.抹去黏液，加 70% 酒精固定。

3.眼点不清晰，可用 5% 苛性钾溶液浸泡漂白头部保存。

（三）整体封片标本的制法

1. 用加热到 50℃的布安氏液固定时，需先将麻醉或活体标本，用两片载玻片夹住虫体，并用线捆住，尽量使虫体扁平，大约固定 4 小时。

2. 用水冲洗后，移入 50%、70%、80%、90%酒精中脱水，加一滴氨水，直到退去黄色呈现乳白色为止。

3. 按 80%、70%、50%、30%酒精顺序使虫体含水量逐渐增多，投入蒸馏水后，可放入硼砂洋红染色 3 小时，移入酸酒精中褪色，直至能分辨其内部结构为止，约 12 小时。

4. 按 50%、70%、80%、95%酒精顺序脱水，再移入纯酒精中，共 2 次。

5. 在等量酒精二甲苯溶液中逐渐脱去酒精，然后再用纯二甲苯透明。

6. 将透明标本，用加拿大树胶封片，如标本太厚，虫体四周可用玻片垫高后，再加盖玻片。

鱼虾及生物成虫浸制标本

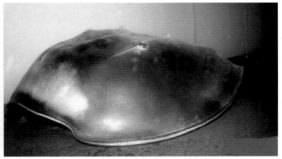

锅盖鱼干制陈列标本

鱼进化史图示

穿山甲标本

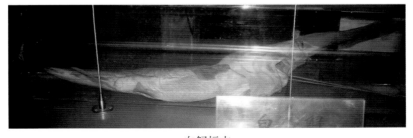

白鲟标本

第五章 虫类标本的制作

第一节 昆虫的采集

一、器材准备

1.捕虫网 捕网主要用于捕捉空中飞行的昆虫,如蝶蛾类、蜻蜓等;扫网主要用于捕捉栖息在低矮植物上或临近地面、善于飞跳的小型昆虫;水网是捕捞水栖昆虫的一种工具。

2.毒瓶 一般选用质量较好的磨砂口广口瓶,也有利用罐头玻璃瓶加配塑料盖的。毒瓶内装有毒剂。专业采集用的毒瓶,毒剂使用氰化钾(或氰化钠),它的毒力较强,昆虫入瓶后可迅速致死。由于瓶中毒剂剧毒,在使用时要格外小心,要特别注意安全。学生采集时也可选用脱脂棉蘸上适量的乙醚或醋酸乙烷作毒剂,放在瓶底,上面盖上一块纸板或薄塑料板,板上打些小孔,做成毒瓶。还可用苦桃仁、枇杷仁、青核桃皮及月桂树叶等,捣碎,用纱布包好,放入瓶底,推平,再盖一有孔的硬纸板,也有一定毒效。用后两种毒剂制成的毒瓶比较安全。

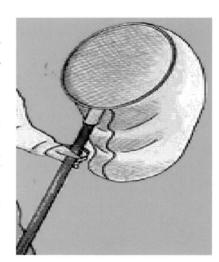

扫网搜集昆虫

3.三角纸袋 昆包用来保存鳞翅目昆虫标本。三角纸袋的材料一般选用半透明纸,裁成长宽·3∶2的长方形纸块,然后折叠而成。

4.其他用品 大小镊子、小剪子、手持放大镜、软毛笔、指形玻璃管、小铁铲、小铁纱笼、木标本盒、铅笔、记录本及小小标签等。如需要可置备诱虫灯具,如黑光灯、手电筒等。

二、采集方法

1.观察法 采集昆虫首先找到它栖息的场所。有些昆虫有发声的习性,有些昆虫在它们生活的地方会遗留下一些踪迹,因此,采集时要注意"眼观六路,耳听八方"。如蝉、蝈蝈等我们可凭听觉找到它;寄生的蚜虫,在寄主的枝叶或地面上常有蚜虫分泌的蜜露,并有蚂蚁等爬上爬下等现象;一些有咀嚼式口器的昆虫生活的地方,常有植物叶片破损,地面上有其排出的粪便;地老虎、金针叶或蝼蛄等地下害虫往往使其生活的地方的禾苗枯倒。

总之，只要留心观察，即可采到它们。

2.搜索法　搜索法适用于采集在树皮下、砖头或石块下面、树洞里、泥土中以及腐烂物质中营隐蔽生活的昆虫。例如，砖石下可采到肉食性的甲虫；泥土中可采到金龟子的幼虫、金针虫以及多种昆虫和蛹；在腐烂物质中可以采取蝼蛄、隐翅虫、蓟马等；在树皮下及木干中可采到天牛幼虫等；在雨后储水的树洞中可采到蚊虫等昆虫。

3.击落法　许多昆虫有假死性特点，猛然震动寄主植物，能使其自行落下进行采集。有些昆虫虽无假死性，但趁早晨或晚上气温较低，湿度较大，昆虫不甚活动或当昆虫专心取食时，趁其不备，猛然震动寄主植物，也会被震动下来。例如，用击落法可采到金龟子、象甲、叶甲等昆虫。

4.引诱法　利用许多昆虫的趋食性、趋光性、趋异性等习性，可采到许多种类的昆虫。例如，大多数昆虫的成虫都有趋光的习性，即可在夜晚使用诱虫灯来采集昆虫，可得到较多种类的大量昆虫；蝶、蛾及许多甲虫，也可以用糖蜜引诱，一般可用红糖加少许酒和醋，在微火上熬成糖浆，用时涂在树干上，白天常有蝶类飞来取食，晚间可诱到许多蛾类和一些甲虫；把马粪、杂草、糖渣、酒糟等堆成小堆，便可诱集到许多种地老虎的幼虫以及蝼蛄、金针虫等，或是把腐肉、烂水果等浅埋在土中，也可诱集到许多种类的昆虫。或者把一个大广口瓶埋在地下，广口瓶里面放上有气味的食物，广口瓶上面架一个与地面平行的漏斗，这样，采集的效果就更好。另外，还可以用一些没有交配过的雌蛾来招引雄蛾。具体做法是，把雌蛾囚于纱笼中，挂在果园或林间，即可招来大量雄蛾，借机采集。

5.网捕法　捕捉飞翔的昆虫要使用捕虫网.采集时,网口要迎面对着飞翔或停落的昆虫,快速一兜，急将网口兜转过来，使网底叠到网口上方，入网昆虫不会逃飞掉。昆虫一经采入网中，便可用一只手握住网底，另一只手打开毒瓶盖，把网底的昆虫倒入毒瓶，盖好瓶盖。网捕的昆虫若是鳞翅目昆虫，为了保证鳞片完整，当昆虫捕入网中后，可先在网外用拇指和食指将它的胸部捏一下，使其窒息，然后从网中取出，放入三角袋中，写好标签待用。要想捕捉陷藏在杂草及灌木丛中的昆虫，要用扫网，在草丛的上下、左右扫动，边扫边变换位置，扫几网后，便将集中在网底的昆虫一起倒入毒瓶中。

6.微小型昆虫刷取法　有些在寄主植物上不太活动的微小型昆虫，如蚜虫、红蜘蛛等，用昆虫网很难扫入，用击落法又不易见效，这时可用普通软毛笔直接刷入瓶、管内。刷取时要选择虫体比较密集的小群落一笔即可刷取许多。要注意笔尖轻轻掸刷，不可大笔刮刷而伤及虫体。

三、甲虫的采集

1.采集行动迟缓的甲虫时，虽然甲虫会飞但是常常停息，不需要用捕虫网去捕，可以用镊子去捉，捉住以后，放进毒瓶。

2.毒瓶里积存的甲虫不要过多，免得甲虫互相碰撞，损坏触角、翅、腿等部分。从毒瓶里拿出来的甲虫，可以暂时保存在三角纸包（可以用废纸做成）里，再把三角纸包放进采集箱中。有些甲虫，触角和腿很容易脱落，不适于放在三角纸包里，那就应该放在指形玻璃管里。

3.每采集到一种甲虫，都要用肉眼或者放大镜进行初步观察，并且要做记录，把采集地点、采集日期、采集人姓名、甲虫的生活习性（如栖息的环境、为害的农作物、为害的状况），尽可能详细地写在记录本上。最好把被害的植物也一同采集来。将甲虫从毒瓶里取出，分别放在三角纸包或指形玻璃管里的时候，应该系上或装进临时标签（用纸条做成的），标签上注明采集地点、采集日期和采集人姓名。

4.毒瓶里放的毒物对人体也有剧毒，因此，使用毒瓶时要特别小心。千万不要把手伸进毒瓶里，不要把食物跟毒瓶放在一起。拿过毒瓶以后，一定要先把手洗干净，然后再吃东西。

四、注意事项

1.选择适宜的采集季节和时间 昆虫的种类繁多，生活习性各异，各不相同。即使同一昆虫，一年内发生的世代、活动的时间也在不同地区或不同环境也不尽相同。因此，要想采到理想的昆虫，首先要学习和掌握必要的昆虫知识，以期达到预期的采集效果。一般说，每年晚春到秋末是昆虫的适宜活动季节，但在我国南方的一些地区有一些昆虫没有明显的冬眠阶段，而在北方每到冬季成虫虽少，可是认真采集往往能得到许多材料。例如，某些昆虫的卵、幼虫、蛹及成虫等。采集的时间也要根据不同种类而定。例如，白天或夜晚、天晴与天阴等，不同的昆虫活动是不一样的。

2.选择适宜的采集地点和环境 不同种类的昆虫地理分布不同，栖居环境各异。因此，要熟悉它们的分布地点和环境以利采集。

3.采集要全 采集时不仅将雌、雄个体采全，还要尽可能将同种昆虫的卵、幼虫、蛹、成虫采全。

4.做好记录 外出采集，应随身携带记录本，凡能观察到的事项都要记录下来。例如，采集地点、时间、日期、采集人以及昆虫的采集号码、体色、生态环境、发生数量及取食方式、为害程度、天敌等。

第二节　昆虫干标本的制作

一、 标本用具及保存注意事项

（一）标本用具

1.展翅板 展翅板是用来展开蝶类、蛾类等昆虫翅膀的工具，用木板制成。展翅板底部是一整块木板、上面钉上两块木板，两板微向中间倾斜，中间留一适当缝隙，缝隙底板上装有软木。用法：用昆虫针将昆虫插在展翅板缝隙底板的软木上，把翅展开，用大头针和纸条把翅压住，直到虫体干燥为止。

2.三级板 平均台是一块长65毫米，宽24毫米的长方形木块，高分为三级，第一级9毫米，第二级为18毫米，第三级为27毫米。每阶中央都有一个上下贯通的能够插进昆虫针的小孔。三级板的作用是,可以把各个昆虫标本在昆虫针上的位置调整在一致的高度上。

用法：将较小的昆虫标本放于最高一级上，较大的昆虫放在第二级上，然后分别用昆虫针穿通昆虫身体，针的上部留出全针长度的1/4，通过三级板上的小孔，将针尖直抵三级

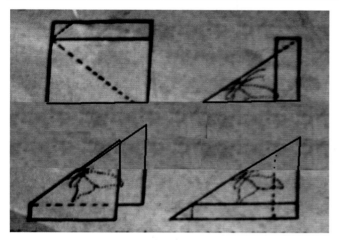

昆虫三角纸折叠制法

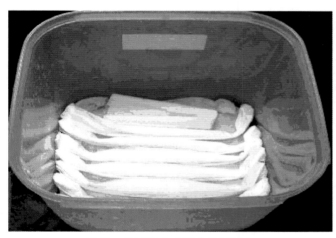

准备一些干纱布或棉花待制标本

板的底面。再将标签放在最底一级上，用针穿过，这样，昆虫标本的高度及标签在针上的高度都一致了，可使制出的标本整齐、规范。

3. 软化器　软化器是软化已经干燥的昆虫标本的一种玻璃容器，中间有孔的玻璃板隔成上下两部分。容器底上铺上一层湿沙。为了防霉，沙中可加少量石炭酸。隔板上放置被处理的干燥昆虫。容器顶部有启闭灵便的玻璃盖。软化的时间，在夏季只需要3～4天，在冬季需要一周多的时间。已经干燥的昆虫，经软化后，再制成标本时就不易损伤了。

4. 幼虫吹胀干燥器　这是用来制昆虫幼虫的工具。它的做法是，取一个煤油灯罩用玻璃管或金属棒横架起来，使用时，在灯罩下放一个酒精灯，灯罩中另装进一根玻璃管，管的一端连着能送气的橡皮球囊，另一端则连接幼虫。

5. 注射器　置备几种大小不同的医用注射器即可。

6. 小剪刀和小镊子　蝴蝶标本制作过程中，不要直接用手去拿标本，以免损坏翅、足、触角和须，必须用镊子。镊子宜细，可用集邮用的镊子或眼科医生用的镊子。镊子的头不宜太尖，更不宜太粗，以免损坏标本。小剪刀用于剪纸条用。

7. 大头针　普通文具店有小盒大头针出售，用以临时固定纸条用。当然也可用虫针来代替，但虫针的价格较高。

8. 小水壶、小电炉　如果标本数量不多，而又急于制作，则可不用软化器，只要用一个煮水的小水壶，装进水，在小电炉上煮，水开时从壶嘴会喷出水蒸气来。用镊子夹住标本，放到水壶附近，使水蒸气喷在蝴蝶身体、触角、足及四翅的基部关键处，不一会那些部分就软化了，可以用来制作。

9. 昆虫针　昆虫针主要是对虫体和标签起支持固定的作用。针的顶端镶以铜丝制成的小

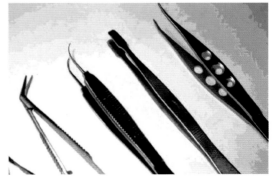

昆虫标本展翅用的各种镊子

针帽，便于手捏移动标本。按针的长短粗细，昆虫针有好几种类型，0～5号针每增加一号，其直径增加1毫米，可根据虫体大小分别选用。

10. 标本柜　标本盒多了必须用橱装，橱的形式各地也不一致，我们用的是二截对开门式，即每一橱分上下2段，每段分左右2栏，双开门，每栏装12盒标本，一橱共装48盒，每段底部有抽屉，其中可贮大量的熏蒸杀虫剂及去湿剂。

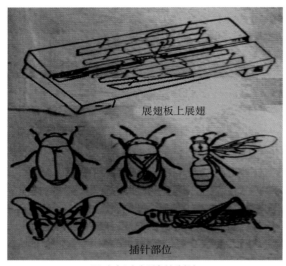

展翅板上展翅

插针部位

昆虫标本插针的制法

昆虫标本存放柜

11. 标本盒　经过制作的标本，应保存在标本盒内，如经济条件允许可购买一批标本盒，自制可用厚度在45毫米以上的木盒或纸盒改制，如玻面木盒，周围裱漆布，盒底衬软木或泡沫塑料即可。盒内一角放一樟脑块，周围斜插虫针使其固定，标本依其种类与所属类群整齐排列平插在里面。如标本过多，盒子不够用时，也可斜插以节省地方。

（二）标本保存时注意事项

1. 防潮防霉　标本制作时必须充分干燥，可以减少发霉的机会，但在雨水多地区与梅

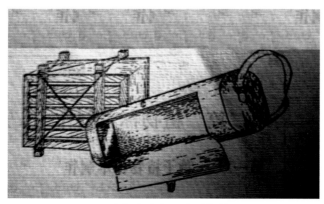

昆虫标本夹与昆虫采集箱

雨季节，还是难免发霉，应早做准备，在盒内或橱内放吸湿剂，或于室内装抽湿机。如见标本已经发霉，可用无水酒精以软毛笔刷洗。

2. 防鼠防虫　防鼠容易，只要房门和橱门严密，即可做到。防虫则难，如珠甲、出尾虫，虫体很小，虫卵更小，除成虫、幼虫能从盒缝钻入外，虫卵也可随尘灰吹落，所以除房门、橱门外，盒盖也要严密，少开。盒内随时保持驱虫剂或杀虫剂浓烈的气味。如

见盒内有虫蜕或标本下有粉末(虫粪)存在,证明盒内已有蛀虫,必须用毛笔刷去虫蜕及虫粪,用镊子压死活虫,用吸管将二甲苯滴在落虫粪的昆虫身上（二甲苯也可用来杀霉菌），可把蛀虫杀死。

3.保护标本　标本盒子应少开，避免灰尘落入。窗上加帘子防止阳光直接照在标本上。当无人参观标本时，标本盒应覆盖黑布，可以延长因日照褪色的时间。为了保护标本免受损坏，最好随时检查，并每年 1～2 次用药剂熏蒸。

二、飞虫标本的制作技术

（一）蜂蝇干式标本的制作

1.采集工具

（1）捕虫网　用来捉正在飞的蜂蝇。制作捕虫网时，先用粗铁丝弯成直径约 25 厘米的圈子，再用尼龙纱缝制网袋，长度约 45 厘米，用竹竿做网柄，网柄长度约 120 厘米。

（2）毒瓶　将采到的蜂蝇先用毒瓶杀死，死得越快，标本越完整，否则乱爬，容易缺损，如损坏了翅膀、触须等。毒瓶宜选广口的，配上塞得密的橡皮塞或软木塞。瓶内的药液通常用氰化钾，也可以用敌敌畏，先置瓶底，上铺细木屑压实，两层各厚 5～10 毫米，最后盖上石膏粉，喷水，使结成硬块。为保持毒瓶的清洁和干燥，可在瓶内放吸水纸，经常更换。操作时，应注意皮肤绝对不能沾到有毒溶液。如果瓶破损要挖坑深埋。

（3）采集背包　用帆布制作，里面缝上几个小口袋，用来放毒瓶、玻璃瓶及其他用具。

（4）其他用具　镊子、放大镜、小刀、剪子、玻璃瓶等。

2.蜂蝇标本制作　应尽量设法保持蜂蝇完整，若有损坏，就会失去应用价值。蜂蝇的翅、足、触角极易碰损，故应避免直接用手捕捉。在制作标本前，应用放大镜仔细检查，选择完整的。

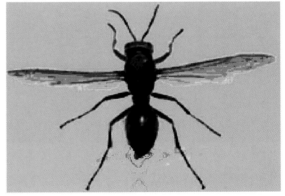

蜂虫标本

（1）蜂蝇成虫标本的制作

①插针　蜂蝇毒死以后，在 12 小时以内，趁虫体还没有变硬之前，用昆虫插针起来固定。昆虫针分为 1、2、3、4、5 五种型号，1 号最细，5 号最粗。蜂蝇成虫将插针在胸部的中央，针要垂直插入，针的顶端和昆虫身体之间要留 1 厘米左右的距离，便于拿取；再把蜂蝇触角和

花蜂国画

足的姿态整理好；最后，插上小标签，写明标本名称、采集日期、采集地点、采集人。

②展翅 蜂蝇标本要用展翅板展开翅膀。展翅时，把已插针的标本插在展翅板槽底的软木上，使虫面与丙侧木板平行，然后用昆虫针拨动翅膀前面有翅脉的地方，使翅展开，再用纸条和大头针将翅固定。要求翅面平整，前翅下面的边缘与虫体垂直。展翅之后，放在通风处几天，等标本干燥，拿下来，放在标本盒贮藏，并置樟脑防蛀。

(2) 蜂蝇幼虫标本的制作 幼虫采到以后，先饿它两天，让体内粪便排除干净，然后放在广口瓶或玻璃管里，倒入保存液浸泡。常用的保存液是酒精和福尔马林两种。酒精的浓度为 70%～75%，优点是渗透快，缺点是容易使虫褪色。福尔马林的浓度为 4%～5%，优点是渗透快，收缩小，效果好，缺点是气味难闻，容易使虫变得脆硬。浸泡的瓶子要塞好，也不要忘了在瓶外贴上小标签，注明采集日期、地点等。

昆虫标本的绘画与制作

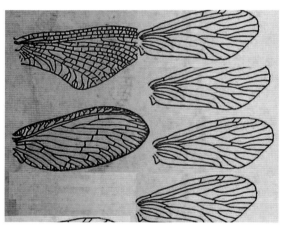

昆虫翅膀的绘画

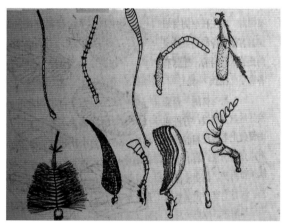

昆虫触角的绘画

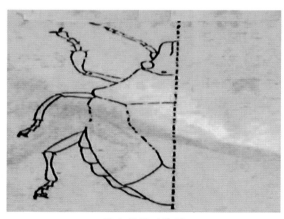

昆虫背部对称线

彩虫子干制标本

（二）飞蛾干标本的制作

1.插针 取已还软的标本，用镊子轻轻压开四翅，选适当大小的虫针，端正地从中胸背面正中垂直插入，穿透到腹面，虫针尾部在胸部背面处留出8厘米。如不能正确掌握长度，可用三级板来量。因为三级板每级的高度是8厘米。

2.展翅整姿 首先，整理六足，使其紧贴在身体的腹面，不要伸展或折断。其次，使触角向前，腹部平直向后。然后，将插有飞蛾的虫插针入展翅板沟槽内，使飞蛾的身体正好处在沟槽中，插入的深度使蝶翅基部与身体连接处正好和板面在同一水平上。然后，双手各用1枚细虫针同时将一对前翅向前拔移，使两前翅的后缘连成一条直线，并与身体的纵轴成直角（细虫针拔的位置最好在剪边前缘的中部、第一条脉纹的后面，因为前翅第一条脉最粗，不致将翅撕破）。暂时将此两插针在展翅板上固定。然后，另取2枚细虫针左右同时拔移后翅向前，使后翅的前缘多少被前翅后缘所盖住，那时后翅暴露面最广，也符合蛾子飞翔时的自然姿态，将此两细插针在展翅板上临时固定。

3. 将薄而光滑的纸用剪子剪出若干一定宽度的狭条，放在蛾翅的上面，将纸条绊紧，两头用大头针钉住，再将触角及腹部拔正，也可用大头插针在那些部位的旁边板上，使飞蛾全体保持最优美的状态，然后将四翅上的细虫针小心拔去（只留胸部1枚虫针），原先翅上所刺的孔会自然合起，不会留下小孔。大头针切不可插在虫体或翅上，否则会留下孔洞。

4. 在包飞蛾的三角纸上记有采集地点、日期等字样，注意剪下，附插在旁边。飞蛾的展翅板应放在避尘、防虫的地方（如纱橱）阴干，或在温箱中烘干。如果不是梅雨天，一周大约可以阴干。小心除去大头针和纸条，将虫针连标本从展翅的沟槽中取出即成。为了加速干燥，也有人使用理发用的暖风机吹干。

5. 如果是飞蛾死亡时间过久，虫体已经干硬，要放在软化器内进行软化，以免在制作过程中其触角、附肢等发生断折和脱落现象。新采回来的飞蛾，用昆虫插针制起来。昆虫针应该根据标本的大小而选择粗细合适的来使用。大的标本用细针不容易支持得好，小标本用粗针穿插会遭到损伤。将针上的飞蛾标本插在展翅板的软木上，展开翅膀，使翅膀与左右的木板同高，把纸条压在翅膀的基部，用大头针把纸条钉好。然后，整理翅膀，使其左右对称，再在翅端的地方也用纸条压住并钉好。这样，一般经过10天左右，标本就完全干燥了。已经干燥的昆虫，就可以从展翅板上取下，保存在标本盒中。

（三）蝴蝶干标本的制作

1.软化蝴蝶 把死亡、变硬蝴蝶先放在盛着潮湿沙土的盒内再加盖，经2～3天可软化。为防蝶体因湿度大而发霉，可将石炭酸或甲醛溶液数滴滴于沙土盒内。

2.插针 用镊子夹取软化后的蝴蝶，仔细将翅膀分开。用缝衣针从虫体的中胸背部正中插入，通过两足之间穿出。

3.展翅整姿 在展翅板上将尚未干枯的蝴蝶进行展翅整姿。展翅板可用软木或泡沫塑料制成，厚1.5～1.3厘米、宽8厘米、长15～25厘米，中间还要开一深1厘米、宽1.5厘米的沟槽，一次可整展2～5只。操作时将插好针的蝴蝶沿着展翅板沟槽插到软木板上，使蝴蝶的躯体正好置于沟槽中。翅的基部要和展翅板的平面平行，并用镊子将翅膀向左、右展开，使前翅后系跟虫体成一直角。然后，用两片纸条压在两对翅上，每片纸的两端用针固定，对处于沟槽中的蝴蝶腹部，要有纸片托住以防下垂。总之，在展翅整姿过程中要尽可能地保持蝴蝶的自然美姿。

将软化彩蝶标本放平于V型木槽内，用昆虫针　　　　　　用镊子将昆虫标本触角须固定好
干棉和玻璃纸固定好

4．脱水干燥　经展翅整姿的蝴蝶，要及时放在干燥器中脱水干燥，也可放在通风处5～7天自然干燥。切忌阳光曝晒。阴雨季节要防止其发霉变质。

5．整形、命名　虫体在干燥时，要注意整形，使其显示出栩栩如生的状态。然后，通过查表或图鉴，给标本命名，可采用林奈的双名法，写出科名和种名于标签上。另外，还要写上产地、采集者和时间等。

6．装盒　将充分干燥的蝴蝶标本细心地从展翅板上取下，按类整齐插入泡沫塑料上，装入玻璃标本盒中。为防虫蛀，盒内可放1～2粒樟脑丸。标本盒贴上标签，将标本盒置于通风干燥处保存。

蝴蝶标本的欣赏

昆虫标本自然干燥两周　　　　　　　　　花翠凤蝶标本

彩蝶标本　　　　　　　　　　　　　　　　彩蝶标本

彩蝶干制标本　　　　　　　　　　　　　　彩蝶标本

（四）花蜻蜓干式标本的制作

花蜻蜓是人类来说是一种益虫，它具有"水中猛虫"、"空中骄子"之美称。花蜻蜓的卵产在水中，经过一段时间的发育，就变成水虿。水虿特别爱吃蚊子的幼虫——孑孓，一只水虿一年能吃 3000 多只孑孓。水虿变成花蜻蜓要经过 7 ~ 15 次蜕皮，历时几个月到几年的时间，长短常与环境条件有关。水虿在羽化为花蜻蜓时，先爬到岸边的植物上，然后慢慢脱掉那身丑陋的外衣，不久即变为美丽、灵巧、善飞的花蜻蜓了。

1. 常见种类

（1）双斑圆臀大蜓。

（2）长痣绿蜓。

（3）碧伟蜓。

（4）"7"纹异箭蜓。

（5）长腹箭蜓。

（6）环钩尾箭蜓。

（7）黄新叶箭蜓。

（8）棒腹小叶箭蜓。

（9）闪蓝丽大蜻。

（10）缘斑毛伪蜻。

（11）红蜻。

（12）低斑蜻。

蜻蜓虫标本

（13）竖眉赤蜻。

（14）秋赤蜻。

（15）大黄赤蜻。

2.采集办法 采集花蜻蜓最好到南方，那里气候适宜，花蜻蜓种类很多，颜色也鲜艳漂亮。采集时必不可少的工具有：捕虫网、毒瓶和三角袋。捕捉时间宜选择雨前、雨后，这时花蜻蜓数量多，且飞得低，飞得慢，很容易捉到。白天若天气晴好，花蜻蜓往往飞得又高又快，不易捕捉。另一捕捉时机是在下午接近黄昏时，许多花蜻蜓不再振翅高飞，而是落在路边小草或树木上休息，这时捕捉极易得手。河边、小溪旁是捕捉花蜻蜓的好地方，因成虫要在水边徘徊，它们的飞行速度相对较慢。另外，在水边还能采到多种漂亮的种类。捕捉时应迎头扫网，捕到后，隔网合并双翅送入毒瓶。等虫被毒死后，双翅相合顺势装入三角袋中。注意不要用力挤压三角袋，否则会把头、胸部压扁变形。毒瓶要足够大，避免折伤双翅。

花蜓国画

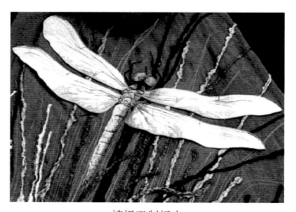

蜻蜓干制标本

3.标本制作 花蜻蜓标本的制作方法较为简单。新鲜标本可直接选用合适粗细的昆虫插针入胸部正中，用三级板定好高度，插入展翅板的凹槽中，将双翅展开，放好位置，用纸条及大头针固定好，风干即可。若采回的标本经过一段时间的放置已干脆，则需要先在软化器中还软。软化器通常用带磨口的玻璃干燥缸制成，底部放一层干净的湿沙，加入几滴石炭酸防霉，湿沙上方放一张吸水纸，将盛有标本的三角袋放入其中。回软后，即可按上述方法制作。

（五）螳螂干标本的制作

1.把采集来的不需要展翅的螳螂放在三级板上，让螳螂的背面向上，将针垂直地插入

螳螂标本

螳螂体内。插针的部位一般是在前翅之间的胸部中央。插针入虫体以后，把针倒转过来，插到三级板第一级的小孔中，使虫体背面露出的针的高度跟三级板第一级的高度相等。这样，每个螳螂标本在针上的高度就一致了。

2.翅膀较大的螳螂，需要先做展翅工作。把采集来的螳螂放在展翅板的纵缝里，用针把螳螂固定在缝底的软木底板上，把翅

展平，使左右四翅对称，用纸条压住翅的基部，用大头针把纸条钉好，把触角和三对足整理好。等到虫体完全干燥以后，从展翅板上取下来，放在三级板上调整好螳螂在针上的高度。

3.身体微小的螳螂，不能用插针入虫体，这就需要先将螳螂用胶水粘在三角纸的尖端，再用插针入三角纸基部的中央，将三角纸的尖端转向针的左边，然后把针倒着插进三级板第一级的小孔中，使三角纸上露出的针的高度，跟三级板第一级的高度相等。

4.将插针在螳螂上以后，要用镊子整理一下触角、翅和足，使螳螂合乎自然状态。然后，再把这些插着螳螂的插针过标签中央，在标签上已经预先注明了应该填明的事项，如螳螂名称、采集地点、采集日期、采集人姓名。把这些插着螳螂和标签的针再插入三级板第二级的小孔中，使标签下方的高度跟三级板第二级的高度相等。这时候，干制螳螂标本就制成了。应该把这些标本放在通风的地方阴干，完全干燥以后，放入标本盒中保存。盒中需要放入樟脑，以防虫蛀。

三、其他虫子标本的制作技术

（一）幼小昆虫干标本的制作

1.微小的昆虫是不能用插针的　一般微小小昆虫在毒瓶中被杀死后，用三角纸点胶来制作其标本。三角纸是用卡片纸作成 7～8 毫米的小三角形，顶点涂些胶水，把昆虫粘住，再用昆虫针穿过三角纸基部，在三角纸的下边插上一个用卡片纸作成的小标签。这样做成的标本，即可放在标本盒中保存。

2.昆虫幼虫标本制作　将幼虫放在吸水纸上，在虫体后端割破一个小孔，用玻璃棒把虫体从头到尾轻轻地压挤，把内脏从小孔挤出来。

从虫体后端的小孔插入吹胀干燥器，把虫体吹胀，放在煤油灯罩中，下边用酒精灯烘烤。烘烤时，要不断地转动虫体，使虫体各部受热均匀。再准备一根比虫体稍长的细铜丝，一端涂上胶水，穿入已经烤干的虫体内，把另一端固定在昆虫针上。配上标签，即可长期保存。

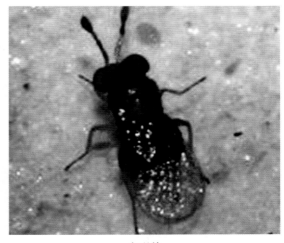

赤眼蜂

（二）蝎子标本的制作

1.杀死　要想制作形体完整、色彩和形态都栩栩如生的蝎子标本，常常需要用刚刚捕捉到的新鲜活蝎子，让其在短时间内迅速死亡，可用毒性大、击倒力强的杀虫剂，如三氯甲烷、四氯化碳等药剂毒死。毒瓶可采用广口的玻璃瓶来制作，瓶口的大小可根据虫体的大小而定，瓶塞宜用软木塞，不能用易被腐蚀的橡皮塞。先在瓶底放些木屑，然后将药液倒入，以达到刚好饱和，药液不外流为度，再用厚长纸将药层盖住。纸片上要有几个透气孔，使毒气

蝎子

蝎子

蝎子

能够透出。

2.去除内脏 在制作标本前，必须先将蝎子的内脏取出，便于插针后能迅速干燥。解剖时可用镊子直接从虫的颈部和前胸背连接膜处插入，取出各个脏器。在腹部侧面沿背板和腹板的连接膜处剪开一个口子，然后用镊子取出脏器。接着用脱脂棉捏成一长条状的棉花栓，用镊子将其慢慢的塞入已掏空的蝎子腹腔内，保持虫体原来的体形。

3.初步保存 蝎子被毒气杀死后，应尽早将其从毒瓶中取出，除去内脏后，放在预先制备好的棉纸包内，以避免携带时使蝎子遭到挤压而变形受损。棉纸包的纸，宜选用吸水性好的，将其剪成方块，大小根据蝎子的大小而定，以恰好能包住蝎子为度。脱脂棉可扯取一块约0.5厘米厚、比纸稍小一点的小块，压平后放在纸片中间。最好再备一小张白纸附置在脱脂棉上，作为临时棉签，以记载采集的时间和地点等。准备就绪后，就可以在将蝎子取去内脏之后，将其临时包裹在里面，防止其受到损坏变形。保存期不宜过长，应在1～2天内，注意及时将包打开，让其通气干燥，不使变质。

4.还软 干燥变硬后的虫壳一般都会发脆，若不采取措施使其软化，很可能一碰就会碎成小片，所以在插针之前必须使其还软。用玻璃还软缸器皿，底部加进蒸馏水，加入几滴石炭酸，加盖密闭2～3天后就可还软。没有还软缸设备的，也可直接将虫浸于温水中，用热气使其还软。

5.插针 固定蝎子标本用的针，系用不锈钢制成的，从0～5号的针都带有针帽。对于死后还未干燥变硬的或是还软后的蝎子，都是用上述的针将其固定起来的。使用哪号针，应根据蝎子的大小来定。插针开始时，先将要制作的蝎子放在刺虫台或桌缝上，再根据蝎子的大小，选用合适的号针，插针头、胸、腹、尾部的背中线中央。

6.整姿 对插针后的蝎子作局部调整，如姿态位置、虫足的弯曲度、触角的伸长方向等逐项加以调整，并适当调整蝎子身躯、腿或触角的姿势和位置，使其完全与活蝎子具有相同的姿态。

蝎子标本

蝎子标本

7. 干燥　当插针和整姿之后，将蝎子放置到通风干燥处 1～2 周，就可以完全干透。

8. 防腐和保存　在制成的蝎子标本上加放适量的防蛀防霉药剂，贴上标签。若标本的数量较多，则需分门别类将标本置入标本盒内，将其置于避光的干燥处保存。

蝎子标本图示

大王蝎爬行标本

草钳蝎子爬行标本

（三）蜈蚣干式标本的制作

1. 工具

（1）毒瓶　将采到的蜈蚣先用毒瓶杀死，死得越快，标本越完整，否则乱爬，容易缺损或损坏材料。瓶宜选择广口的，配上塞得密的橡皮塞或软木塞。瓶内的药液通常用氰化钾，也可以用敌敌畏，先置瓶底，上铺细木屑压实，两层各厚 25～40 毫米，最后盖上石膏粉，喷水，使结成硬块。为保持毒瓶的清洁和干燥，可在瓶内放吸水纸，经常更换。操作时，应注意皮肤不能沾到有毒溶液，如果瓶破损要挖坑深埋。

（2）采集背包　用帆布制作，里面缝上几个小口袋，用来放毒瓶、玻璃瓶及其他用具。

（3）其他用具　镊子、放大镜、小刀、长钳子、玻璃瓶等。

2．标本制作　蜈蚣标本应尽量设法保持其完整，若有损坏，就会失去应用价值。蜈蚣的足、环节极易碰损，故应避免直接用手捕捉。在制作标本前，应用放大镜仔细检查，选择完整的。

制作蜈蚣标本时，插针在蜈蚣毒死以后12小时以内进行，趁虫体还没有变硬之前，用昆虫插针起来固定。昆虫针分为1、2、3、4、5五种型号，1号最细，5号最粗。蜈蚣成虫将分别插针在头、胸、腹、尾部的中央，针要垂直插入，针的顶端和昆虫身体之间要留2～3厘米的距离，便于拿取；再把蜈蚣姿态整理好；最后，插上小标签，写明标本名称、采集日期、采集地点、采集人。之后，等标本干燥拿下来放在标本盒贮藏，并放入樟脑防蛀。

（四）甲虫干标本的制作

1．虫体软化　死亡很久的甲虫，身体都已经硬化，肢体关节僵硬，需要软化处理。软化的时候，可以用高温的开水浸泡虫子，大概1小时左右，检查一下虫体，如果关节和触角都可以自由活动了，就用布或卫生纸把虫子多余的水分吸干，准备制作标本。如果虫子才死亡不久，身体还没僵硬，就可以直接做标本。

2．插针　依据虫子体型大小选择粗细合适的针，在虫子右边翅鞘、靠近左右翅鞘相接的位置，从上方垂直插入，让虫针在翅鞘上方大概留1厘米的长度，再垂直固定在甲虫底板上，让甲虫身体腹面平贴底板上。

盔甲虫标本

3．展足　展足的时候，把握前脚向前，中、后脚向后的原则，用尖镊子调整各脚的位置，让左右两侧的脚看起来很对称，再用大头针把脚固定在底板上。

4．固定触角　依左右对称的原则，用尖镊子或大头针调整触角与口器，达到适当、美观的位置，再以大头针加以固定。

5．填写标本签　用小纸片写好甲虫标本的采集地、采集日期、采集者及种名，贴上标本签作为标本查看的基本资料。

6．干燥　将制作好的甲虫标本放在通风干燥的地方，几周后，标本就可以自然干燥。或用恒温箱烘烤，这样能缩短标本干燥的时间。

7．收藏　干燥后的标本，虫子的姿势会保持固定，就可以把大头针拔掉，然后把标本拿下来，插上先前做好的标本签，然后收藏在标本箱内。

盔壳虫子标本图示

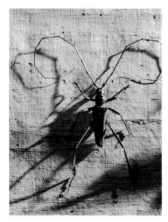

灰斧虫干制标本

草匣猴干制标本

草匣虫干制标本

草匣子干制标本

田匣子干制标本

灰斧冲干制标本

田匣子干制标本　　　　　　　　粪球虫干制标本

（五）昆虫标本签的制作

1.标本采集签制作　利用固定格式的小纸片，写上这只昆虫标本的采集地、采集日期、采集者及种名，放在标本旁，为标本留存基本资料。

2.干燥　将制作好的昆虫标本连同固定底板放在通风干燥的地方，几周后，标本就可以自然干燥。也可以用台灯或恒温箱烘烤，这样能缩短标本干燥的时间。但在干燥过程中要注意蚂蚁，不要被蚂蚁吃光了。

3.收藏　干燥后的标本，虫子的姿势会保持固定，就可以把大头针拔掉，然后把标本拿下来，插上先前做好的标本签，然后收藏在标本箱内。

（六）昆虫玻璃标本的制作

1.玻璃标本不用棉花，在标本的上下都用玻璃。展览单个的蛾子或其他昆虫处，可全用玻璃或配合卡片纸板框架。其大小可根据所作标本的大小而定。在标本的四周要留有空处，上、下玻璃之间也要留下能容纳虫体和足的空间。制作如天蛾类等大型标本，最好采用有卡片纸板的框架方法；制作小型昆虫标本则可用全玻璃法。

2.将捕捉到的昆虫根据其形态特征和生活习性，把它摆放成某一姿态，并使其

彩虫干制标本

蜘蛛标本

中的四至五条腿及胸或腹处在同一平面上。如果死后昆虫腿部的肌肉发生收缩，应及时用镊子或其他物体压住定型。玻璃装展览标本首先要在整姿台上整姿，使昆虫标本仰面朝天，将翅与触角展开呈标准姿势，将足压近体躯以减少厚度。

3．裁好两块同样大小的单料窗玻璃作盖和底，大小要比展姿标本的四周各大至少6毫米。裁好填充玻璃块（用单料或双料玻璃），作为提供昆虫体躯的空隙之用。填充玻璃应同样大小，其长度应等于盖及底玻璃的尺寸，中央应留出两或三倍于虫体宽度的位置。并将玻璃擦干净。

4．选择触角和腿齐全、形态优美、已定型的昆虫，一只手用镊子小心地夹起昆虫的身体，另一只手用铅笔尖蘸少许胶水，涂到昆虫与玻璃平面能接触到的腿和胸、腹的下面，然后轻轻地把它放到适当的位置上，再将底玻璃放在干净的平面上，用驼毛刷将上面的棉绒刷去。在一端的外角各滴上一滴透明胶。将一块填充玻璃放在底上对齐各边，用刷子柄压实，并除去溢出的胶。继续黏好另一块填充玻璃，两边都要对齐，厚度一致，每黏好一层都要停一会。所涂胶要少，以免胶液向里扩散，影响标本美观。待胶水干透后，昆虫便被固定了。

5．压实并在其上放上不太重的镇压物，约15分钟至1小时即可黏牢。四边加上结合扣夹。扣夹可盖住玻璃的锋锐边缘并封住标本。把写有动物名称、采集地点、日期，以及制作人姓名的标签，贴于右下角。对制作完成的标本，可以放进盒内，也可以放进橱内保存，但务必定期喷洒杀虫剂，或放一些樟脑丸驱虫防蛀，并保持干燥以免发霉。

6．在透明玻璃上，不仅可制作昆虫标本，也可以把压制好的植物的叶子，用透明胶带塑封在玻璃上，还可以在玻璃上制作叶贴画，也可以把蝙蝠定型、干燥后制作在玻璃上。

第三节　虫子浸制标本的制作

一、材料的准备

（一）药品

常用药品有70%酒精、85%酒精、氯仿、水合氯醛树胶剂等。

1．四种常用溶液

（1）贝孟二氏液　阿拉伯树胶15克，水合氯醛16克，葡萄糖浆10毫升，冰醋酸5毫升，蒸馏水20毫升。

（2）史氏液　阿拉伯树胶15克，水合氯醛60克，葡萄糖浆10毫升，冰醋酸5毫升，蒸馏水20毫升。

（3）何氏液　阿拉伯树胶30克，水合氯醛200克，纯甘油20毫升，蒸馏水50毫升。

（4）白氏液　阿拉伯树胶15克，水合氯醛160克，纯甘油20毫升，冰醋酸5毫升，

动植物成虫浸制标本

葡萄糖浆 10 毫升，蒸馏水 20 毫升。

以上四种溶液的配法如下：将树胶块放入烧杯加水，置烧杯于 50 ~ 80℃ 的水浴锅中，待树胶溶解后，加水合氯醛，边搅拌，过依次加入其他成分，静置后使沉淀，取用上层澄清液。此外，葡萄糖浆是以 98 克葡萄糖溶于 100 毫升蒸馏水中制成。使用时可任选一种溶液。

动植物成虫浸制标本

2. 底特律兮氏液 福尔马林 12 毫升，95% 酒精 30 毫升，冰醋酸 2 毫升，蒸馏水 60 毫升。

3. 一般幼虫保存液 冰醋酸 5 毫升，福尔马林 2 毫升，上等白糖 5 克，蒸馏水 100 毫升。

4. 保存绿色幼虫的浸渍液

(1) 保存绿色幼虫的注射液 95% 酒精 90 毫升，甘油 2.5 毫升，福尔马林 2.5 毫升，冰醋酸 2.5 毫升，氯化铜 3 克。

(2) 保存绿色幼虫的保存液 福尔马林 4 毫升，冰醋酸 5 毫升，白砂糖 5 克，蒸馏水 100 毫升。

5. 保存黄色幼虫的浸渍液

(1) 保存黄色幼虫的注射液 苦味酸饱和溶液 10 毫升，福尔马林 2.5 毫升，冰醋酸 5 毫升。

(2) 保存黄色幼虫的保存液 福尔马林 4 毫升，冰醋酸 5 毫升，白砂糖 5 克，蒸馏水 100 毫升。

6. 保存红色幼虫的浸渍液 硼砂 2 克，50% 的酒精 100 毫升。

7. 甲基丙烯酸甲脂的生单体 生单体是未经过预聚合的甲基丙烯甲脂，为无色透明的流体，可向化工厂购买。

8. 甲基丙烯酸甲脂的熟单体 熟单体是经过预聚合的甲基丙烯酸甲脂，为无色透明的黏稠状液体，应保存于冰箱中。

（二）工具

工具有瓷盘，捕虫网，扫网，大、小型指管，玻瓶，昆虫三角纸包，半透明纸条，毛笔，铅笔，棉花，标签纸，眼科镊，昆虫展翅板，泡沫塑料板，昆虫针，大头针，2 毫米以上各种大小的玻片，吹胀器，毒瓶等。毒瓶的制法：用大口瓶配好塞子或塑料盖。锯木屑铺瓶底，再加上一层熟石膏粉，压紧压平，然后加水，直到将石膏润湿为度，经 5 ~ 10 分钟石膏凝固，表面无积水。也可另外用一器皿盛熟石膏粉，加水到能流动时，立即倒入瓶内放平，石膏凝固即可。使用时再在瓶内投入易吸水的纸条，倒少量氯仿，利用氯仿气体杀死昆虫。

二、制作方法

1. 蚯蚓浸制标本 在蚯蚓繁殖季节采集为宜，将 75% 酒精逐渐滴入盛有少量水的培养

动植物成虫浸制标本

动植物成虫浸制标本

缸内，使虫体麻醉，洗去黏液，用 85% 酒精保存。

2. 蜘蛛浸制标本　先将活蜘蛛投入 75% 酒精中杀死，次日移入盛有 85% 酒精的小指管内，加标签和棉花，保存于盛有 85% 酒精的广口瓶内，使酒精不易蒸发。或用尼龙线将蜘蛛缝在白纸上浸制。

3. 螨类玻片标本　一般螨类可以保存在 85% 酒精中。为便于分类鉴定，需将活的或酒精固定过的螨类，放在载玻片上，加一滴水合氯醛树胶剂，盖上玻片，制成玻片标本，就可在显微镜下观察。不过那些体色很深或骨化较强的螨类，尚要经 5% 苛性钾或苛性钠浸泡 12 ～ 24 小时，再用细针从螨体侧刺一小孔，使溶液能溶去体内组织。此外，螨类玻片标本制作方法，也适用于其他小型节肢动物及其幼虫和稚虫。

4. 蜈蚣、马陆浸制标本　小型多足类可用 75% 酒精固定和保存，大型种类固定后，在体腔内注射 70% 酒精，待固定后，保存于 85% 酒精中。

5. 可用捕虫网兜捕飞翔于空中的昆虫，或用扫网捕捉草丛中的昆虫；也可用灯光或者黑光灯引诱趋光性的昆虫；还可用手或镊子在石下、土石缝隙、土中探索昆虫。捕到活虫要立即投入毒瓶内，昆虫毒死后，放入三角纸包内阴干保存。

(1) 插针法　在展翅板或泡沫塑料板上用不同粗细的昆虫针，固定昆虫成虫（展翅或展脚）称为插针法，插针部位因昆虫种类和昆虫大小而异。鳞翅目昆虫一般还需展翅，要使前翅后缘与虫体垂直，再用半透明纸固定翅的位置。

(2) 浸渍法　不宜用插针法干燥保存的昆虫，均可用浸渍法。如小型昆虫，腹部细长或软弱的成虫，以至卵、幼虫、蛹等。最好先停止取食，使虫体内废物排泄干净，用热水杀死后，投入 75% 酒精中保存。

(3) 幼虫"黄、绿、红"原色保存和吹胀法

①绿色幼虫保存法　将已绝食多天的幼虫，用注射器在肛门注射保存绿色幼虫的注射液，经 10 小时，将虫体移入保存绿色幼虫的保存液中，隔 20 天后换一次保存液，就能长期保存。

②黄色幼虫保存法　改用黄色注射液和保存液，操作方法同上。

③红色幼虫保存法　只要将已绝食的活虫（如棉红铃虫），直接投入保存红色幼虫

蜗牛浸制标本

的浸渍液中即可。

④幼虫吹胀法　吹胀法是把幼虫制成干标本的方法。将杀死的幼虫放在吸水纸上，剖开肛门，盖一张吸水纸，用玻棒自虫体头部向后端滚压，把体液和内脏排出体外，然后用吹胀器（其末端插一条麦秆）伸入虫体内，用线捆住，这样边鼓气，边加热烘干。

昆虫标本欣赏

绿翠凤蝶干制标本

宽尾凤蝶干标本

黄龟虫爬行标本

第四节　寄生昆虫玻片标本的制作

一、材料的准备

（一）药物

1. 常用药品　各级酒精，甘油，70%碱性酒精，盐酸酒精，二甲苯，加拿大树胶，5%福尔马林，沥青胶或油漆，水合氯醛树胶剂。

2．赖特氏液 赖特氏染料粉末0.1克，甲醇60毫升。用一清洁的玻璃瓶，盛60毫升甲醇，瓶中装入小玻璃球，再加0.1克赖特氏染料粉，用力摇动半小时。经1周或更长时间可用。

3．10％ 聚乙烯醇 聚乙烯醇10克，乳酸50毫升，石炭酸50毫升。先将乳酸与石炭酸混合配成乳酸酚液。再加入聚乙烯醇10克于少量乳酸酚液中，用玻棒搅成糨糊状，再加入少量乳酸酚，继续搅成胶体状，最后在水浴锅内加温，4～5小时后，呈半透明胶状液，也可加入一粒酸性品红。

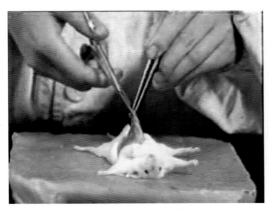

小心剪破小鼠腹膜

分离器官，取出一块小鼠的肝叶

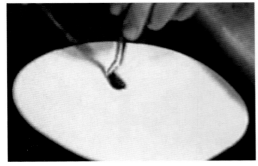

将鼠肝放在干净的吸水纸上待用

用刀片切取新鲜4毫米厚的鼠肝

用递升酒精把组织内水分脱干

将组织从浓酒精里分步放入二甲苯内透亮

4. **饱和盐水**　将氯化钠溶于水中，到不能溶解为止，此溶液为饱和盐水。

5. **生理盐水**　取适量氯化钠溶解于蒸馏水中。哺乳类为 0.9%，鸟类为 0.75%，蛙类为 0.64%。

6. **升汞醋酸液**　升汞饱和水溶液 100 份，冰醋酸 5 ～ 10 份。

7. **巴尔巴加洛氏液**　食盐（氯化钠）8.5 克，福尔马林 30 毫升，蒸馏水 1 000 毫升。

8. **甘油明胶**　明胶 20 克，甘油 65 克，石炭酸结晶 1 克，蒸馏水 100 毫升。将明胶 20 克浸入 100 毫升水中，于水浴锅内隔水加热，并加入甘油 65 克、石炭酸 1 克使溶化。

9. **缓冲液（pH 6.5 ～ 7）**　再结晶磷酸一钾 6.63 克，脱水磷酸二钠 2.56 克，蒸馏水 1 000 毫升。

10. **伊红溶液**　伊红 0.5 克，95% 酒精 100 毫升。

11. **德拉菲氏苏木精**

（1）甲液　苏木精 1 克，纯酒精 6 毫升。

（2）乙液　铵矾（硫酸铝铵）饱和水溶液（约 1∶11）100 毫升。

（3）丙液　甘油 25 毫升，甲醇 25 毫升。

配法：

（1）将甲液一滴一滴地加入乙液中，并用玻棒搅动。

（2）暴露在阳光和空气中 7 ～ 10 天。

（3）加入丙液。将混合液静置 1 ～ 2 个月，至颜色变深时过滤。置放在阴凉处，并塞紧瓶口，可长期保存使用。使用时将染色剂 1 份加 3 ～ 5 份蒸馏水稀释，则染色后分化明显，通常用酸酒精进行脱色与分化。

12. **升汞混合液**

（1）甲液　66 毫升饱和升汞和 33 毫升 95% 酒精。

（2）乙液　5 毫升冰醋酸。

甲、乙液临用时混合。

13. **海登汉氏铁苏木精染色液**

（1）染色剂（可保存 6 个月）　纯酒精 10 毫升，苏木精 0.5 克，蒸馏水 90 毫升。

（2）媒染剂　2% 铁明矾（硫酸铁铵），临用时配制。

（二）工具

培养皿，载玻片，盖玻片，眼科镊，显微镜，染色缸（碟），解剖盘，解剖刀，中式剪，线，吸管，绳，小试管，带棉球的细长竹签，细铜丝环或铁丝环。

二、制作方法

（一）疟原虫涂片

1. **采血制成薄血片**　用消毒棉花（浸入 70% 酒精）一小块，擦采集部位，待酒精干后，用已消毒的针，刺破皮肤，取第二滴血，置于载玻片的一端。用另一张载玻片的也缘接触血滴，使两玻片成 30 ～ 40° 角，速将另一张玻片向前推，使血滴涂成均匀的薄片。待血片自干。

2．**固定与染色** 因赖特氏液是用甲醇制成的，所以直接加一滴赖特氏液于含有疟原虫的血涂片上，有固定和染色作用，30 ～ 60 秒后，在染色液上追加一滴缓冲液，放置 2 ～ 3 分钟，弃去玻片上的全部液体，再用缓冲液一滴进行分色 2 ～ 3 分钟。弃去液体，以滤纸吸干后即成疟原虫血涂片。如发现红血球上有不少蓝色颗粒，可以用棉花蘸少许二甲苯将片上油腻擦去；也可加数滴 95％酒精；也可用自来水冲洗，以吸水纸吸干。

（二）血吸虫整体封片

1．**血吸虫的感染试验** 在血吸虫病的流行地区采集钉螺，压螺壳后，将螺体盛在培养皿内，在双筒镜下找到带有叉状尾端的尾蚴，并加以收集。用尾蚴感染小鼠或家兔时，应先固定动物的四肢，剃去腹部毛，将腹壁皮肤擦干净，然后用吸管吸取收集到的尾蚴，滴于腹部中央，稍干，再盖上一片盖玻片，并用胶布黏住，1 个月后，如已感染成功，就可取血吸虫。

2．**取血吸虫的方法** 解剖腹部，在肠系膜血管中取血吸虫。在透光的条件下，可看到肠系膜血管内的虫体。

3．**制片步骤** 虫体先用生理盐水洗涤，再放入布安氏液固定，后面操作过程同上。

（三）华支睾吸虫整体封片

1．**取虫** 在流行地区，吃生鱼的老猫，华支睾吸虫的感染率较高，被感染的猫，毛无光泽、散乱、脱落。解剖时先找到胆囊，剪破胆管，用手慢慢地将肝尖部分向前推挤，活的成虫即由胆管挤出，用生理盐水将虫洗净。

2．**制片**

（1）固定 用两片载玻片夹住虫体，用线捆好，放入升汞醋酸液内，固定 6 小时。

（2）加碘去汞 经 10％、35％、50％、70％酒精各浸 1 小时，移入 70％碘化酒精，并换 3 次。

（3）染色 先依次经 70％、50％、30％、10％酒精各浸 15 分钟，用 5％ ～ 10％德拉菲氏苏木精染色 12 ～ 18 小时，用水洗涤。又经 30％、50％、70％酒精各浸 1 小时，移入酸酒精褪色，并使在 70％碱酒精内呈现蓝色，再移入 70％、85％酒精各浸 1 小时，移入 95％酒精内 12 ～ 24 小时后，取出，在伊红液内复染，直至淡红色为止。

（4）脱水和透明 用纯酒精脱水后，移入等量纯酒精二甲苯中，再移入纯二甲苯透明。

（5）封片 加一滴加拿大树胶，盖上盖玻片。

（四）绦虫的整体封片

绦虫成虫可在鼠、猫、狗等哺乳动物小肠内找到。将绦虫放在微温的水内，使虫体伸直，取头节、成熟节片和妊娠节片等，置于两玻片之间，用线捆住。

1．**固定** 将标本放入升汞醋酸液内固定 3 小时。

2．**去汞** 移入 70％酒精内加碘去汞。

3．**染色、透明、封片** 与华支睾吸虫整体封片同。

（五）蛔虫、变形虫的整体封片

小宠物患有蛔虫病较普遍，及时观察可发现似粗棉线的虫子，用生理盐水洗涤，75%酒精固定。或制成玻片标本，步骤如下。

1. 将标本放在载玻片上，吸去生理盐水。

2. 加上一滴聚乙烯醇后，盖上盖玻片。

3. 置于温箱中低温烘干，再用沥青油或油漆将盖玻片四周密封，这样可保存较长时间。

（六）微丝蚴的整体封片

最好在晚上采血，用消毒棉花擦净采集部位后，并用消毒针头刺破取血，滴于载玻片上，用另一载玻片使血涂成厚血涂片，晾干。

1. **脱血色素** 将血涂片浸入蒸馏水，5 分钟后，取出晾干。

2. **固定** 在纯酒精中固定 20 分钟，晾干。

3. **染色** 苏木精染色剂染色，至白细胞核染成深色为度。

4. **封片** 用自来水冲洗 10 分钟，干后加入加拿大树胶一滴，盖上盖玻片。

（七）蠕虫卵和兔球虫的卵囊封片

取豆粒大小的感染粪便，先与适量饱和盐水（粪与饱和盐水的比为 1：20）调和，再慢慢加入饱和盐水达试管口，与边缘相平，待半小时后，用直径为 0.5 毫米的细铜丝（或铁丝）环捞取液面的水，置于玻片上，用显微镜检查。另外，还可采用巴尔巴加洛氏法：取小块粪便，浸入巴尔巴加洛氏液中，加温至 75℃即可。这样，材料可以保存很长时间，并可用于制片。封片方法如下：

（1）取绿豆粒大小明胶，置于酒精灯上微加热使之熔化，排除气泡。

（2）卵或卵囊置于熔化的甘油明胶中，加盖玻片封存。

（八）昆虫简易玻片标本制作

昆虫的触角玻片标本：把蝗虫（丝状触角）、蝶（棒状触角）、蛾（羽状触角）、蜂蝇（膝状触角）、金龟子（鳃叶状触角）、蝉（鬃状触角）、蝇（芒状触角）、雌蚊（镶毛状触角）的触角取下，固定于 75%酒精中 1 小时以上，经 95%酒精、纯酒精脱水，二甲苯透明，放在载玻片上，加一滴树胶，盖上盖玻片，待晾干后即可观察。

昆虫的口器玻片标本：制作咀嚼口器（蝗虫）时，需将蝗虫的上、下唇各一片，大颚和小颚各一对及舌取下。制作刺式口器（叶蝉或蚊）时，可将整个口器取下，并放在载玻片上，加水和盖玻片，在盖玻片上轻轻地敲几下，使延长呈针状的大颚、小颚与唇分离开。固定、脱水、透明、封片与触角制片法同。

昆虫的足玻片标本：蝗虫的后足（跳跃足）、螳螂的前足（捕捉足）、蝼蛄的前足（开掘足）、蜂蝇的后足（携粉足）、松藻虫的后足（游泳足），取下后也按触角制片法操作。

鳞翅目翅脉玻片标本：将鳞翅完整剪下，放入煤油内，呈半透明状，再用小毛笔刷去鳞片，待干后用两张玻片夹住，两端以胶布或玻璃胶带纸条捆住即可。这是一种最简便的方法。

第五节 水生昆虫玻片标本的制作

一、材料的准备

（一）药品的准备

1.固定剂 福尔马林，75%酒精，碘液，布安氏液，布安-杜波司克氏固定液。

（1）碘液（又称鲁哥氏液） 配制方法很多，一般将6克的碘化钾溶于20毫升水中，待完全溶解后加入4克碘，摇荡后，碘完全溶解，再加80毫升水。

（2）布安氏液 临使用前配制。苦味酸饱和液75毫升，福尔马林25毫升，冰醋酸5毫升。

（3）布安—杜波司克氏固定液 苦味酸1克，福尔马林60毫升，80%酒精150毫升，冰醋酸15毫升。

2.染色剂与分色剂

（1）硼砂洋红 在100毫升4%硼砂水溶液中加入洋红1克，待溶液加热至洋红溶解后，加70%酒精100毫升，过滤后应用。

（2）盐酸酒精 75%酒精为溶剂，加几滴盐酸配成10%盐酸溶液即成。

3.脱水剂 30%酒精、50%酒精、70%酒精、85%酒精、95%酒精、纯酒精。

4.透明剂 冬青油。

5.封固剂 加拿大树胶。

6.其他 蒸馏水、5%苛性钾溶液、氨水。

（二）器具的准备

显微镜，镊子，解剖盘，培养缸，吸管，载玻片，盖玻片，离心管，染色缸（或用其他器皿代替），广口瓶，手摇离心机，浮游生物网。

浮游生物网及其制法：用直径3～4毫米铅丝或铜条作为浮游生物网网口，以特制金属套结在网底（又称网头），内装有可启闭的开关，用来收集浮游生物。网通常用25号筛绢或13号筛绢，25号筛绢可用以捞取一般的浮游植物和动物，13号筛绢可捞取较大型的轮虫、水蚤、剑水蚤等动物及较大型的浮游植物。在网口外用布连接更为牢固。最后系上长、软而牢固的绳子。打捞时，手捏住绳子的一端，把网抛入水中，再缓缓地拉回绳，将网收起，水自网孔流失，剩下水样，用瓶子接住网头，打开开关，水流入瓶内。

二、标本的制作

（一）浮游动物玻片的制作

使水样含有4%福尔马林，即每100毫升水样加入4毫升福尔马林即可。固定浮游动物较好的是碘液，最好的是布安氏液。在水样中倒入等量的布安氏液后，因细胞变形少，更利于观察浮游动物的形态。

1. 离心沉淀时，加等量的布安—杜波司克氏固定液，固定半小时，倒掉上清液，再加入 70% 酒精，经 10 分钟后离心，再弃上清液，加入 70% 酒精，换 2 次，每次约 20 分钟。

2. 硼砂洋红浸染半小时。

3. 酸酒精褪色 1 ～ 1.5 分钟，直到细胞质稍带红色为止。

4. 直接用纯酒精脱水，换纯酒精 2 ～ 3 次，每次约 20 分钟。

5. 用二甲苯透明，换 2 次，约 10 分钟。

6. 用吸管将浮游动物吸于载玻片上，加上加拿大树胶封片，待 7 天后，即可用。

（二）蛙肠整体封片制作

制作时将蛙处死迅速放血，剖开腹腔取出小肠，切一小段（约 8 毫米长），立即投入安布氏液固定 1 天，用水洗数次后，经脱水和洗去苦味酸、透明、透腊、包埋（切片）、贴片、脱蜡、复水过程。经埃利希苏木精染色 15 ～ 20 分钟，用蒸馏水洗去多余染料。用 1% 酸酒精分色数秒后，氨水中"蓝化"数秒，或在自来水中冲洗变蓝色。移入蒸馏水中，15 分钟换一次。用 0.5%（或 1%）曙红水溶液染 2 分钟。在 70% 酒精中浸数秒。顺次移入 85% 酒精、95% 酒精、纯酒精、等量纯酒精二甲苯混合液、二甲苯各 2 分钟。最后加一滴加拿大树胶封片。

（三）真涡虫整体封片

1. 将涡虫置于载玻片上，在虫体上加上盖玻片，并用线捆好，放入布安氏液固定 2 小时以上。

2. 用 70% 酒精冲洗，直到材料无色为止。

3. 在硼砂洋红中浸染 1 ～ 3 小时。

4. 用酸酒精褪色，直到虫体周围不生浑浊液为止。

5. 顺次在 70% 酒精、80% 酒精、90% 酒精、纯酒精中脱水，各 2 小时。

6. 二甲苯透明，约 2 小时。

7. 去盖玻片，加一滴树胶于虫体上，然后盖上盖玻片即成。

玻片染到苏木素内五分钟后水洗待染

组织分步放入二甲苯内能使酒精替换出来

彩蝶标本欣赏

绿紫斑蝶标本

翠凤蝶标本

虎纹凤蝶标本

枯叶凤蝶干标本

绿翠凤蝶干制标本

宽带樟凤蝶干制标本

主 要 参 考 文 献

白九维，等 . 2001. 观赏蝴蝶的饲养保育与开发利用 [M]. 北京：中国林业出版社 .

本书编写组 . 1977. 家畜解剖标本制作法 [M]. 北京：农业出版社 .

本书编写组 . 1982. 盆景制作 [M]. 南京：江苏科技出版社 .

本书编写组 . 1997. 农业基础知识（第三册）[M]. 南京：江苏科学技术出版社 .

冯天哲，等 . 2002. 新编养花大全 [M]. 北京：农业出版社 .

贺永清 . 1995. 家庭养花大全 [M]. 上海：百家出版社 .

胡良民 . 1982. 养花顾问 [M]. 南京：江苏科技出版社 .

黄智明，等 . 1986. 生物标本制作法 [M]. 广州：广东科技出版社 .

江胜德 . 2001. 盆花和花坛花 [M]. 杭州：浙江科学技术出版社 .

蒋青海 . 2001. 观赏鱼饲养大全 [M]. 南京：江苏科技出版社 .

蒋青海 . 2008. 家庭养花大全 [M]. 南京：江苏科技出版社 .

金波 . 1999. 花卉资源原色图谱 [M]. 北京：中国农业出版社 .

刘心源 . 1981. 植物标本采集制作与管理 [M]. 北京：科学出版社 .

孟庆武，等 . 2000. 春季花卉 [M]. 北京：中国农业出版社 .

孟庆武，等 . 2000. 秋季花卉 [M]. 北京：中国农业出版社 .

钱国桢 . 1984. 鸟类的生活 [M]. 上海：上海科技出版社 .

生物自然室 . 1993. 生物（第一册上、下）[M]. 北京：人民教育出版社 .

石宝醇 . 1999. 春季花卉 [M]. 北京：中国农业出版社 .

徐芳南 . 1980. 无脊椎动物 [M]. 上海：上海教育出版社 .

杨松龄 . 2000. 秋季花卉 [M]. 北京：中国农业出版社 .

姚同玉，等 . 1981. 花卉园艺 [M]. 北京：中国建筑工业出版社 .

[日] 野村润一郎 . 2001. 宠物喂养与训练·小动物 [M]. 北京：中国轻工业出版社 .

[日] 宇田川龙男 . 2001. 宠物喂养与训练·观赏鸟 [M]. 王玲，娅菲译 . 北京：中国轻工业出版社 .

袁传宓 . 1979. 脊椎动物 [M]. 上海：上海教育出版社 .

袁肇富，等 . 1991. 花卉园艺 [M]. 成都：四川科技出版社 .

张贞华，等 . 1984. 生物标本和教具的制作 [M]. 杭州：浙江科学技术出版社 .